各界對於五十川老師
系列書籍的讚譽

THE LEGO TECHNIC IDEA BOOK SERIES:

"這套書真是製作各種機構的絕妙寶典。"

—JOE MENO, *BrickJournal*

"超多樂高機構的巧思。就算你已經是老手，
這套書裡一定有你從未見過的好點子。"

—BILL WARD, Brickpile

"我之所以喜歡這些酷炫的小作品，是因為它們可用來教授各種科學觀念，像是齒
輪、牛頓定律以及動能位能轉換，這還只是我目前想到的而已呢！"

—THE ROBOTIC REALM

"任何人只要喜歡樂高、用樂高來製作原形或喜歡各種機械機構，這套書絕對必
看，我真的不知道沒有這套書的日子是怎麼過來的。"

—LENORE EDMAN, Evil Mad Scientist Laboratories

THE LEGO MINDSTORMS EV3 IDEA BOOK:

"極簡但又意義深厚，可以啟發年輕工程師們把問題解決能力與創造力應用在各類
機構的無限組合中。"

—*BOOKLIST*

THE LEGO BOOST IDEA BOOK:

"五十川老師的著作是我所有藏書中最有用的。"

—BRICKSET

"不管你是組裝達人或 BOOST 機器人開發者，這裡有超豐富的內容來啟發各種全
新的創作，還能在原本的作品上進一步延伸自己的想像力。"

—GEEKDAD

LEGO® TECHNIC™
不插電創意集

聰明酷玩意

五十川芳仁（Yoshihito Isogawa）著／CAVEDU 教育團隊 曾吉弘 譯

Contents

第 1 篇　各種實用的機構

第 2 篇　測量用途的裝置

第 3 篇　更多好玩的機構

譯者序

很榮幸，這已經是我第三次翻譯五十川老師的著作，也正是老師啟發了我對於機器人與機構的熱愛。CAVEDU 教育團隊最早從五十川老師的虎之卷（LEGO Technic 虎の卷）得到了許多運用樂高零件的創新想法。

樂高公司身為領先的教玩具公司，其零件從最早期的堆疊式，逐漸轉變為插銷式，零件的種類也日益繁多，對於創作者來說，免不了需要「殺肉」一番才能取得所需數量的零件。五十川老師作品的特色就在於，他把特殊零件的需求降到了最低，使用最基本的樂高零件組再搭配一顆小馬達，就能做到各種令人目不轉睛的趣味效果。

很高興曾在 2015 年邀請老師來台灣辦理一系列工作坊，過程當中深刻感受到老師在童心未泯之外，更有對於專業的堅持。相信不論大小朋友、新手或專家都能從五十川老師的書籍中找到那一道創作的光。

曾吉弘博士
www.cavedu.com
CAVEDU 教育團隊創辦人 / 熱愛玩玩具的創作者

本書簡介

本書收錄了許多好點子，提供了超過 100 款你可以用樂高 Technic 系列零件就能完成的作品。本書收錄了各種不需要馬達等電子元件就能組裝並遊玩的作品。運用這些有趣的不插電專題，你將可在動手遊玩的過程中學會許多機械工程原理。

如何使用本書

你會在書中看到各個作品的不同角度照片還有會用到的零件清單，而不是一步步的組裝流程。仔細看看我拍的照片，把它們做出來吧！這樣的組裝方式好像在拼拼圖呢！

這些作品不用照著順序做。你可以隨興翻閱，從你最感興趣的作品開始。不過，在習慣這樣的流程之前，你可能還是從較簡單的作品開始比較好。

製作的同時，多留意這些作品的動作，並試著理解為什麼它們可透過這種方式來運作。這有助於提升你的製作技巧。下一步就是運用本書給你的靈感來製作你自己原創的專題。如果需要靈感的話，請參考許多作品附近都能看到的提示。你當然可以把不同專案結合起來。修改、加強以及裝飾這些作品吧！你的創意將無遠弗屆！

樂高零件

本書最後整理了本書所有專題所需的零件清單。大多數零件都很常見也容易取得。不過，如果少了什麼的話，請試試看能不能你手邊現有的零件取代缺少的零件。

書中的圖片用不同的顏色來區分各個零件，目的是要讓你容易區分各零件的形狀。你當然不需要選用相同顏色的零件；用你喜歡的顏色，自己完成創作吧。

本書各個專題在設計上，特別針對可由樂高公司的積木與其科技（Technic）系列零件來組裝完成。我無法保證如果使用非樂高公司的展品來製作的話，專題是否還能正常運作，在精確度與耐久度上可能都會有問題吧。

延伸閱讀

本書為系列書籍其中之一，想探索更多有趣的不插電專題，請參考《LEGO Technic 不插電創意集：簡易機器篇》一書。這本書中的作品大量使用了齒輪轉動的動力，並藉此延伸出形形色色的可愛小車。

如果你想要了解更多運用了電動馬達所製作的機構，歡迎參考我的另外兩本著作：

● 樂高創意寶典 – 機械與機構篇

● 樂高創意寶典 – 車輛與酷玩意篇

（這兩本書皆由 CAVEDU 教育團隊曾吉弘博士翻譯與碁峰資訊出版）

致謝

本書使用 LDraw 零件庫與 LPub 應用程式來繪製本書中的各種插圖，在此向開發出這些好用軟體的開發團隊致謝。

暖暖身子

本書沒有一步步的組裝流程。反之，你會看到作品的不同角度照片，試試看就這樣把它做出來吧。這樣的組裝方式就好像在拼拼圖。你很快就會習慣這樣的作法並樂在其中，先來練習一下吧！

#1

這個數字代表
作品編號

這個作品要用到的所以零件都會列在這裡。從手邊的零件找到它們，開始做吧！

取得所有零件之後，試著參考書上的照片來完成作品。想要更快速完成的話，請把你的作品擺得和書中照片一樣，然後邊組裝邊比較是否正確。

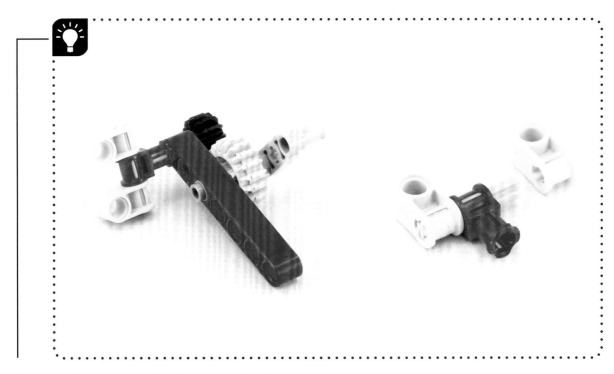

這是 [提示]，建議你本專題的其他製作方式。運用這些提示，
試著做出獨一無二又有趣的作品吧。請注意，提示中所用到的
零件不包含在各專題以及本書最後的零件清單中。

第 1 篇
各種實用的機構

門

#1

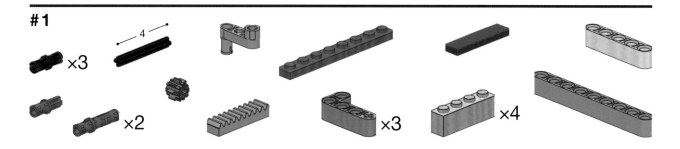

×3 | 4 | | | ×4

×2 | | ×3

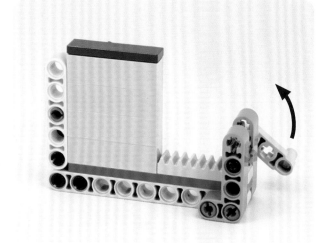

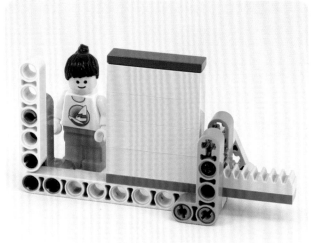

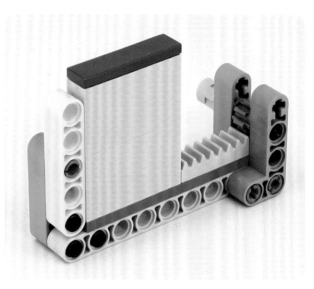

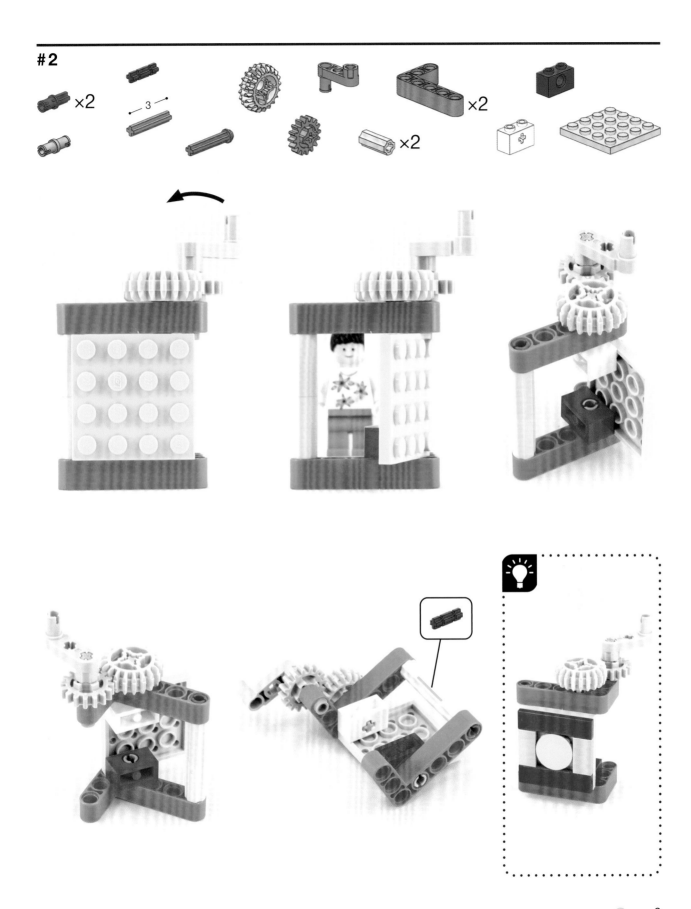

#3

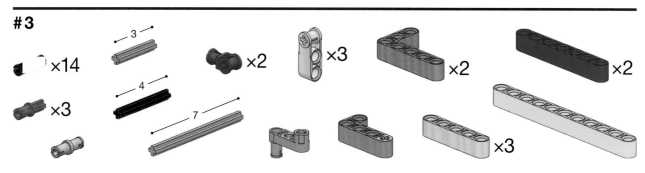

×14   ×3   ×2   ×3   ×2   ×2

×3   ×3

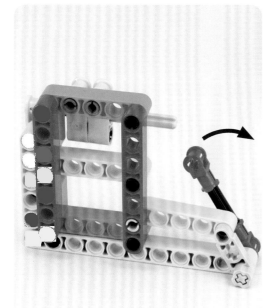

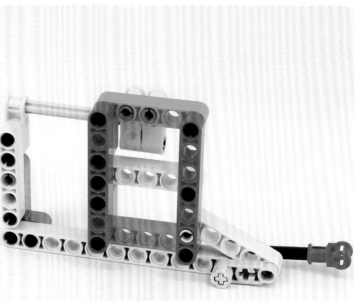

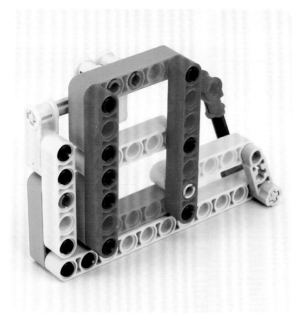

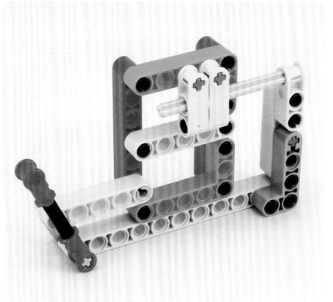

#4

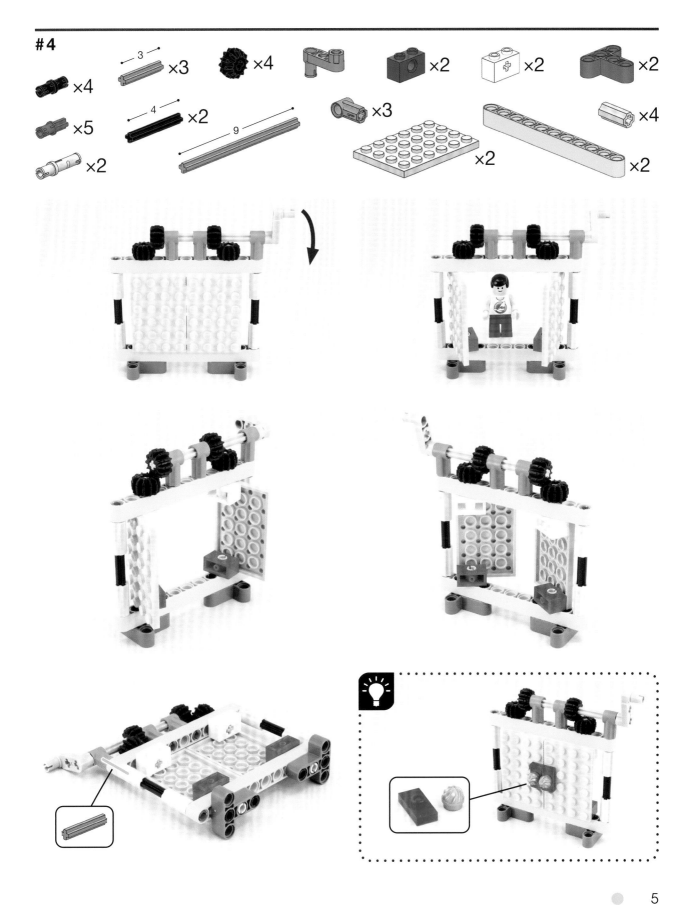

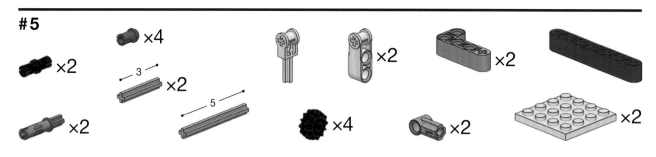

#5

×2 ×4 ×2 ×2 ×2

×2 ×2 ×4 ×2 ×2

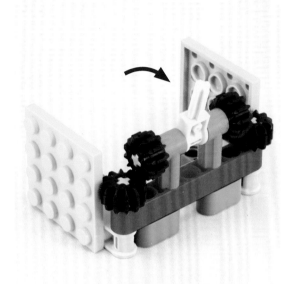

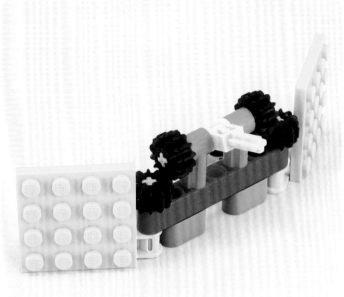

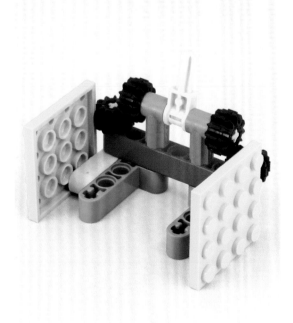

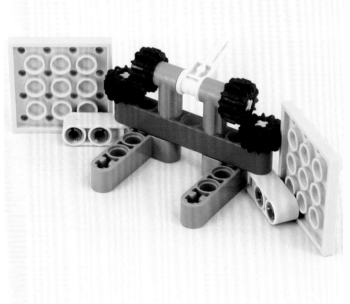

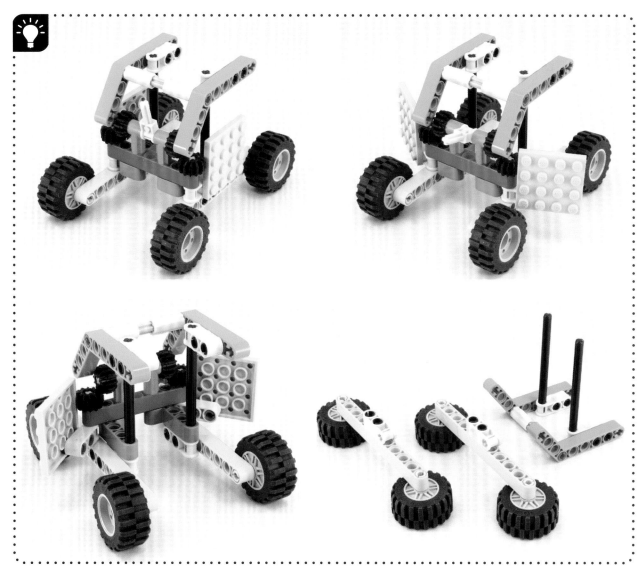

#6

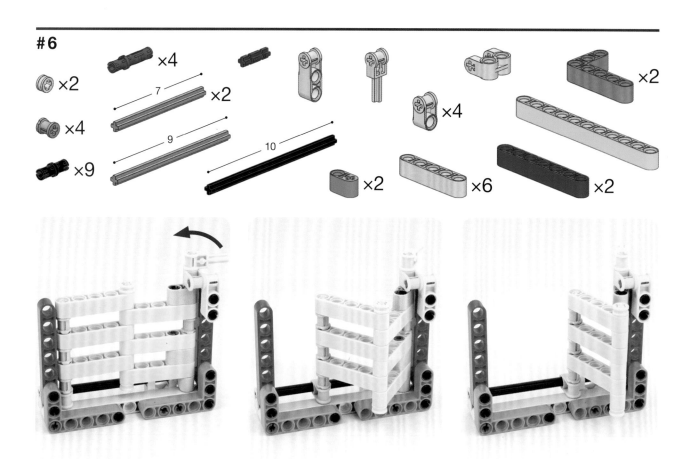

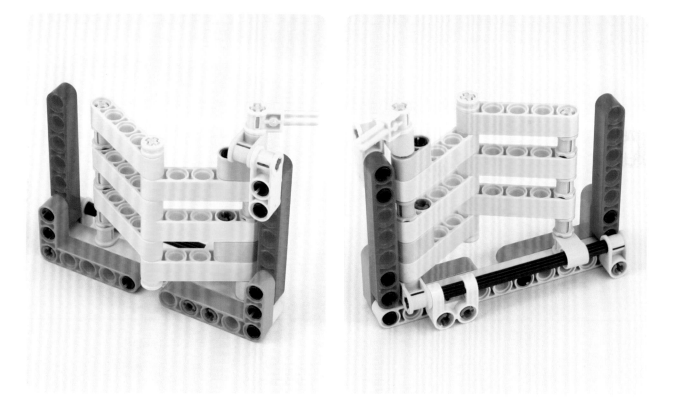

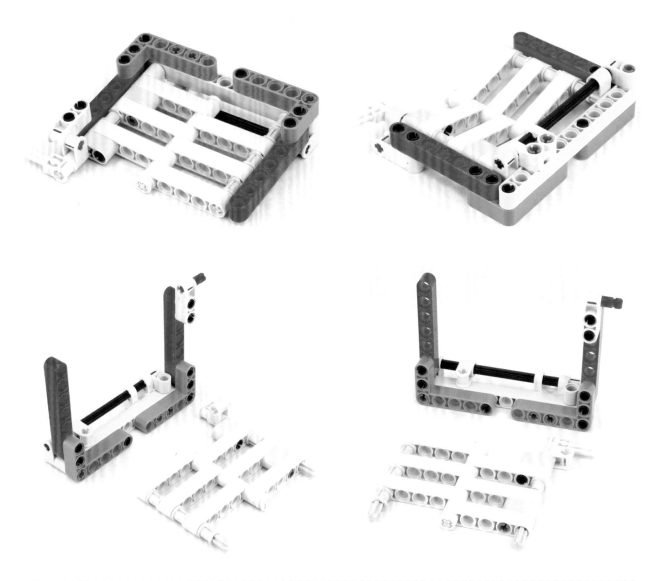

#7

×2 ×4 ×2 ×2 ×4 ×2

×14 3 ×2 ×2 ×2

×2 4 ×4 ×2 ×4

×6 ×2 ×2 ×2 ×2

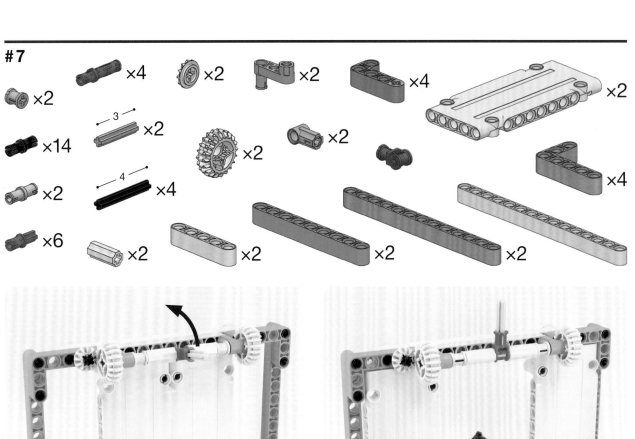

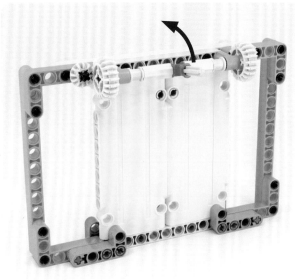

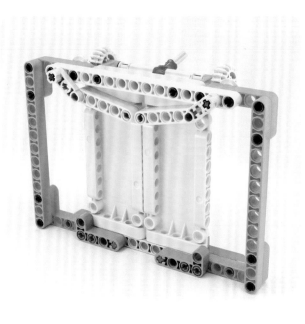

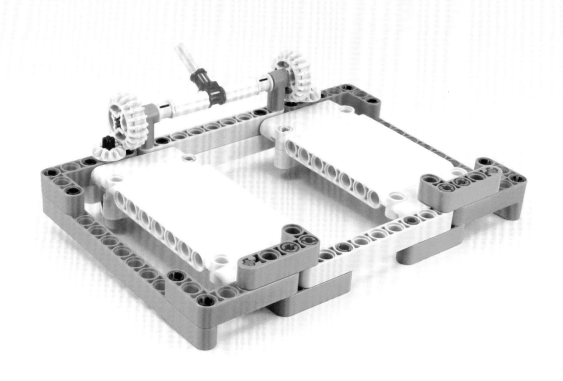

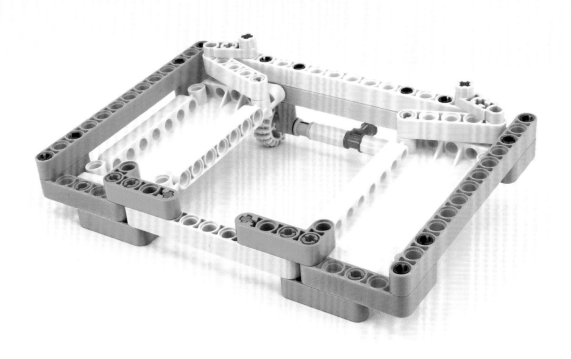

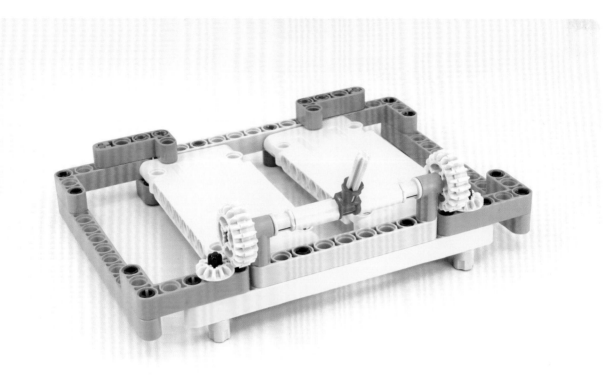

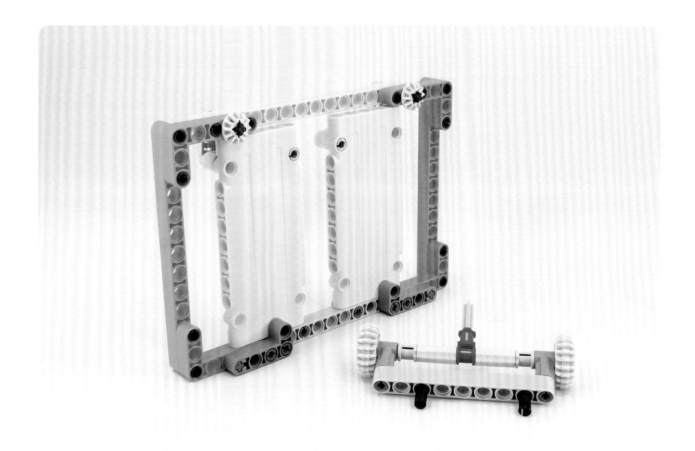

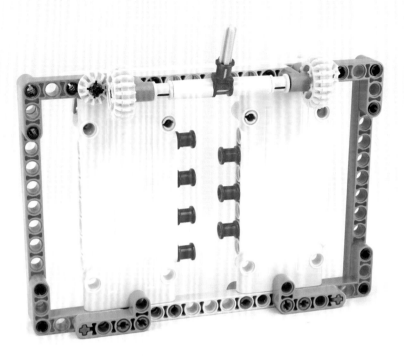

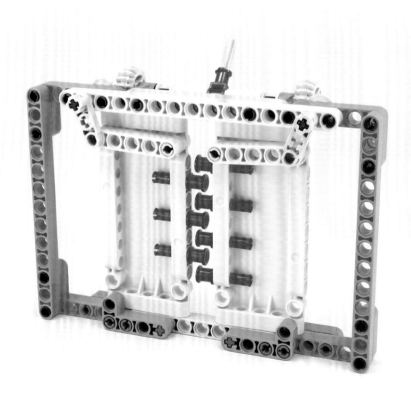

#8

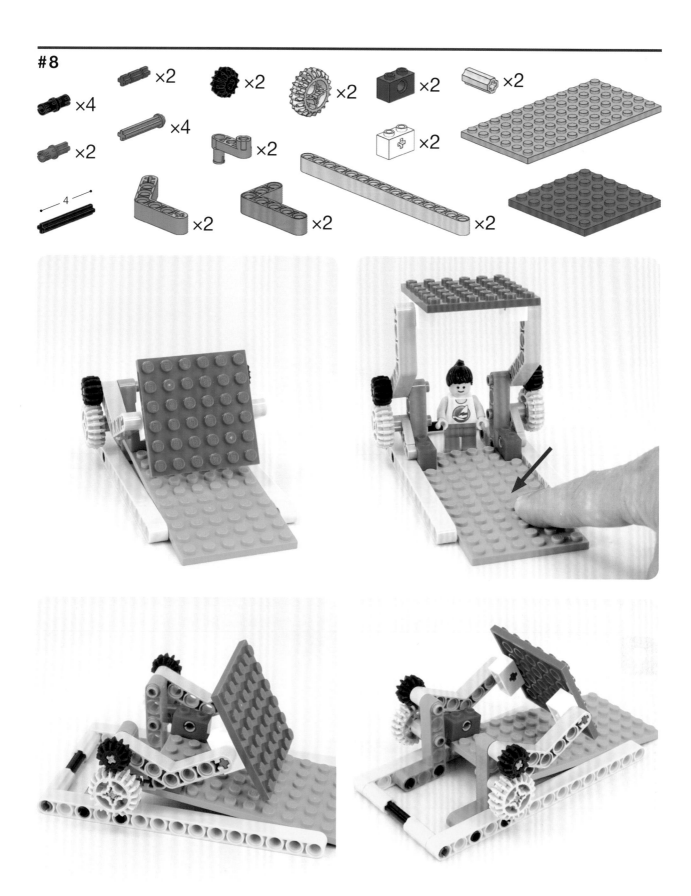

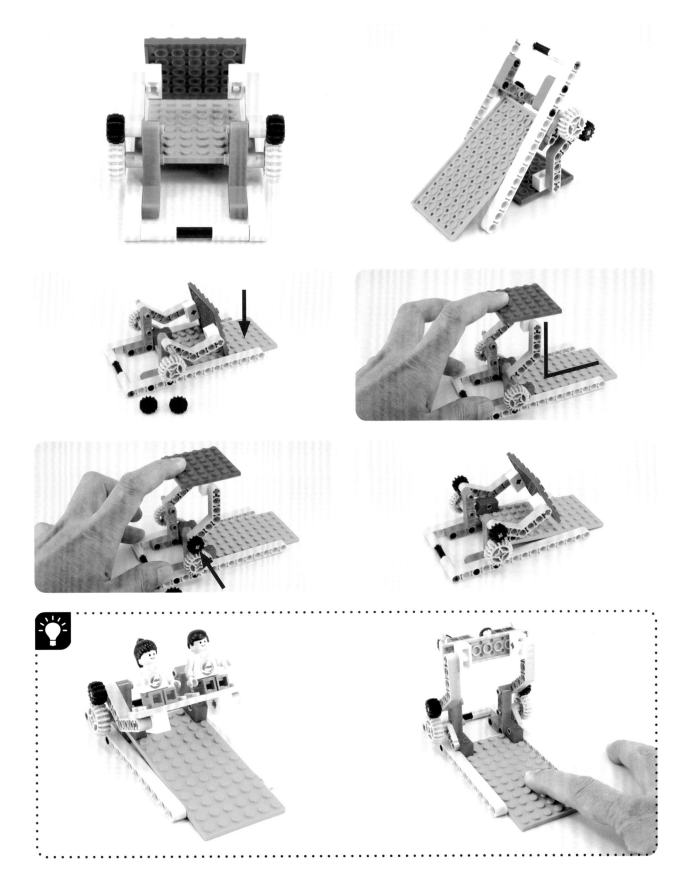

#9

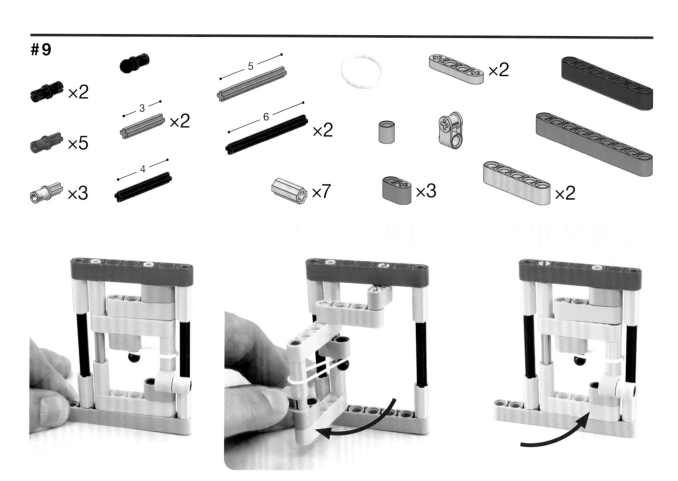

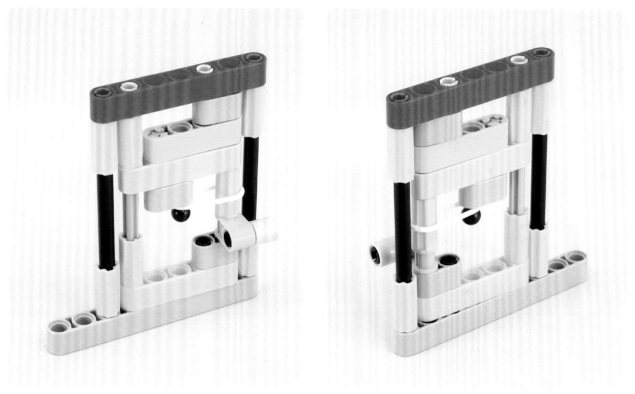

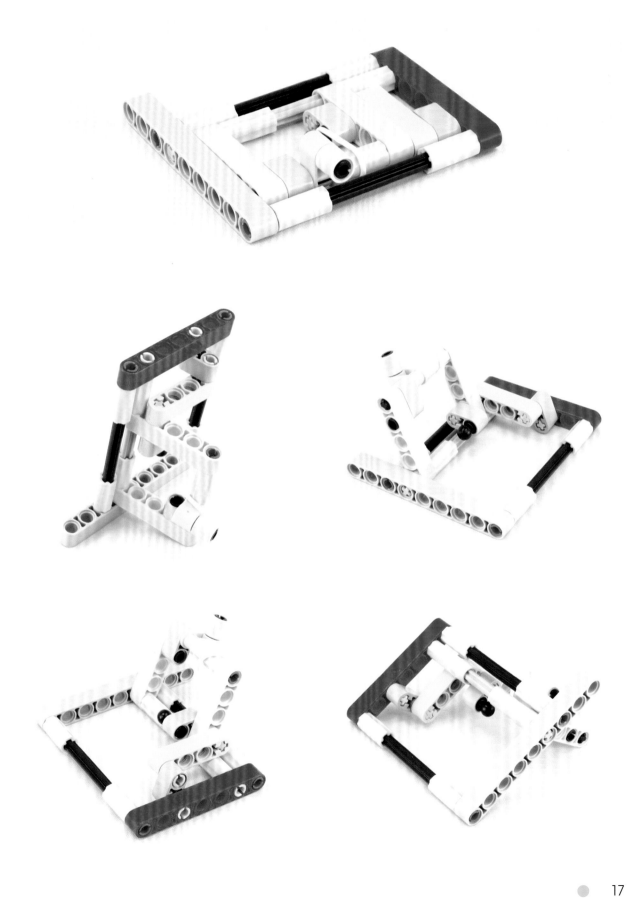

#10

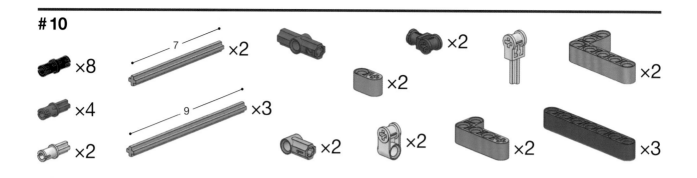

×8 ×4 ×2 7 ×2 9 ×3 ×2 ×2 ×2 ×2 ×2 ×2 ×3

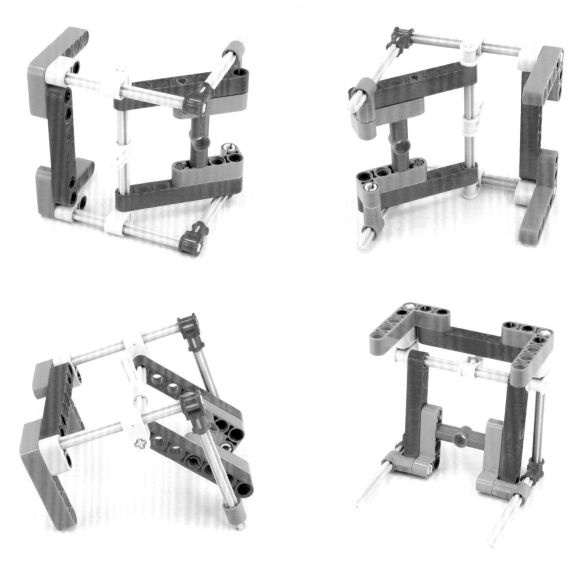

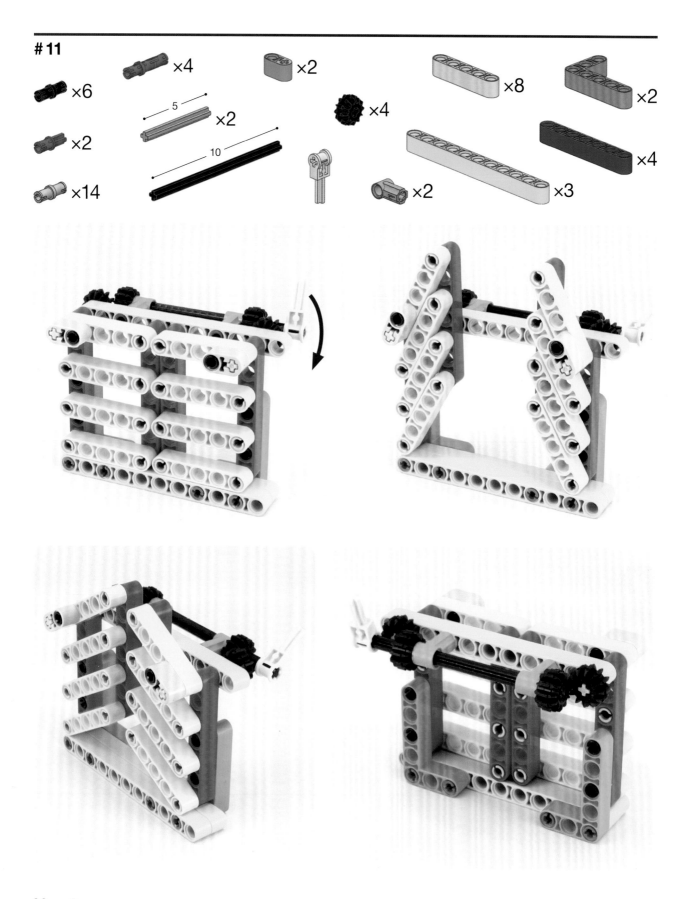

×6
×4
×2
×8
×2
×2
×4
5
×2
10
×4
×14
×2
×2
×3

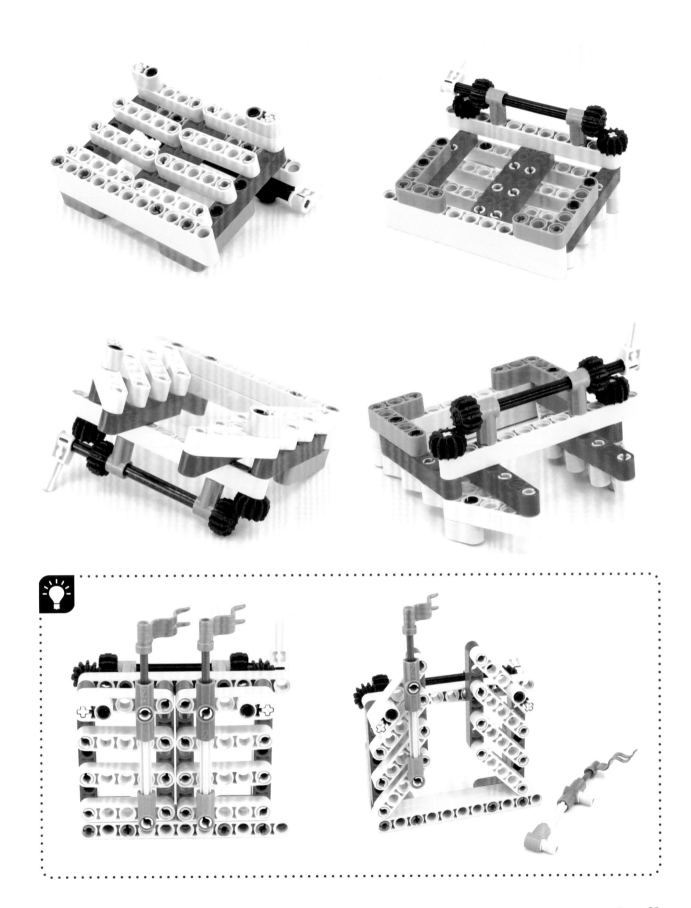

抬升裝置

#12

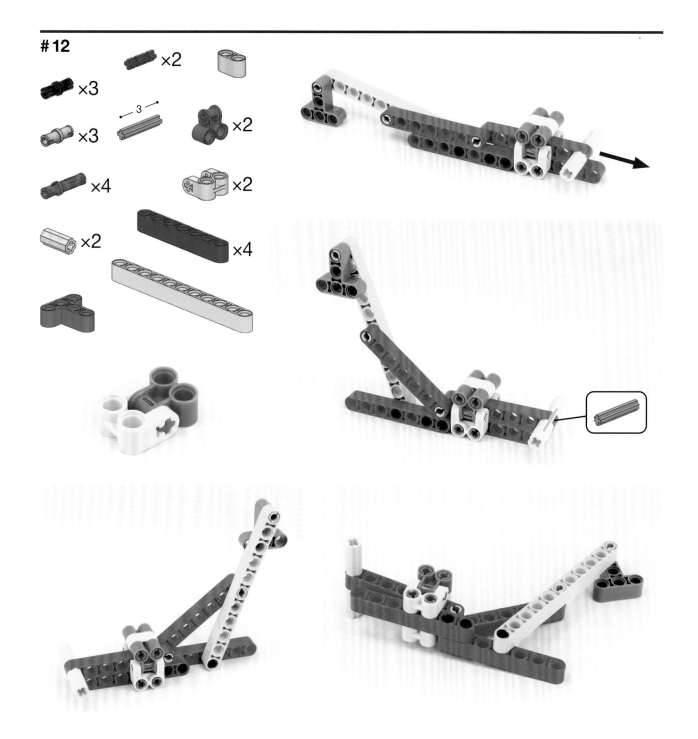

#13

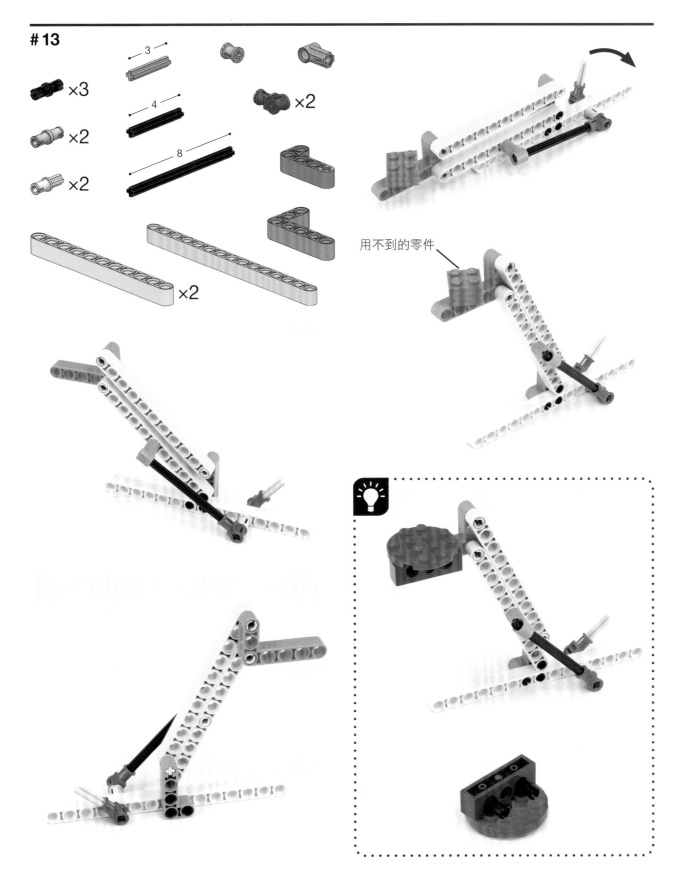

用不到的零件

23

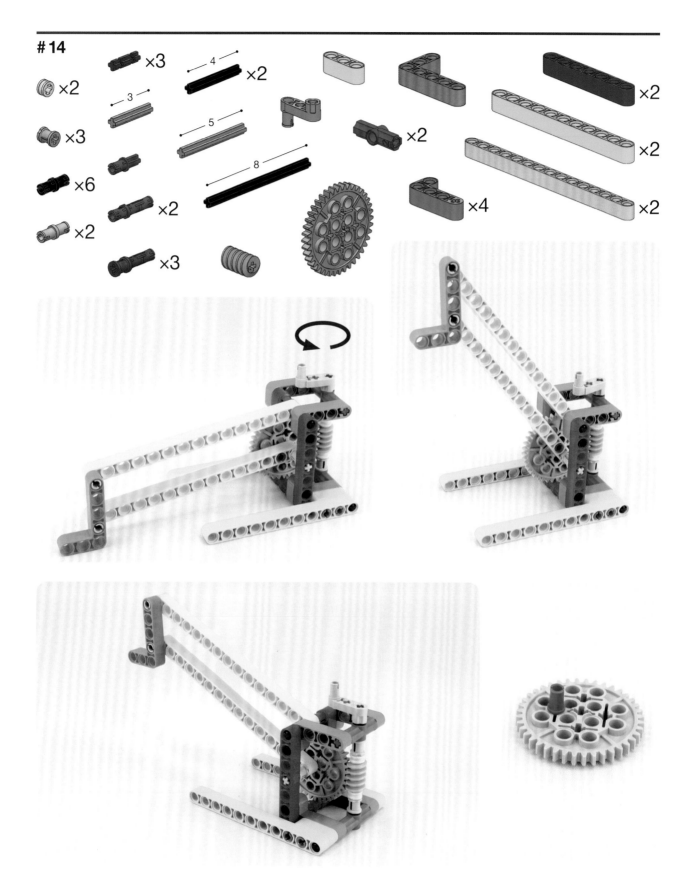

14

×2 ×3 ×3 4 ×2 ×2 ×2 ×2 ×2

×3 5 ×2 ×6 8 ×4 ×2

24

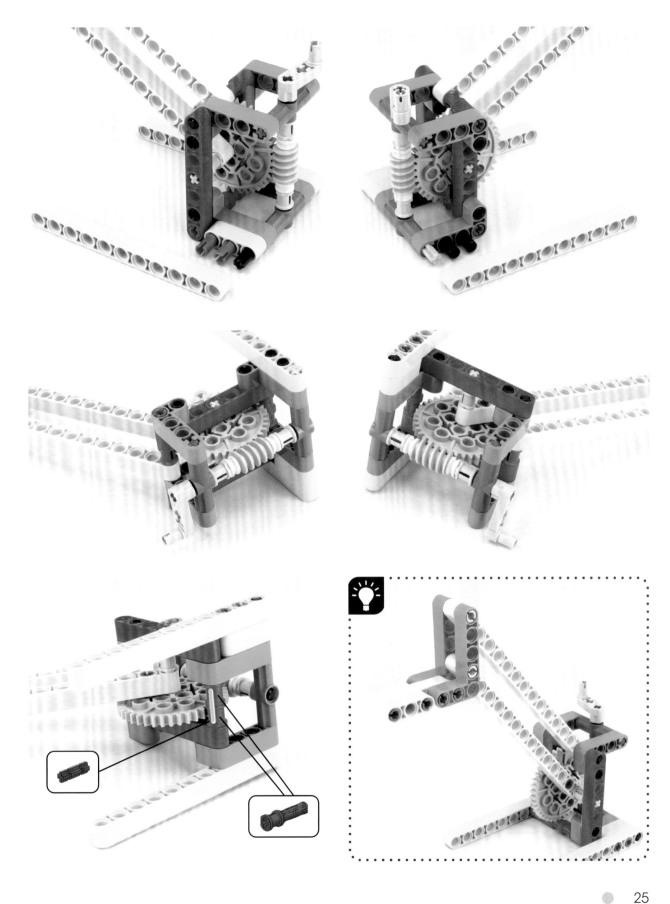

#15

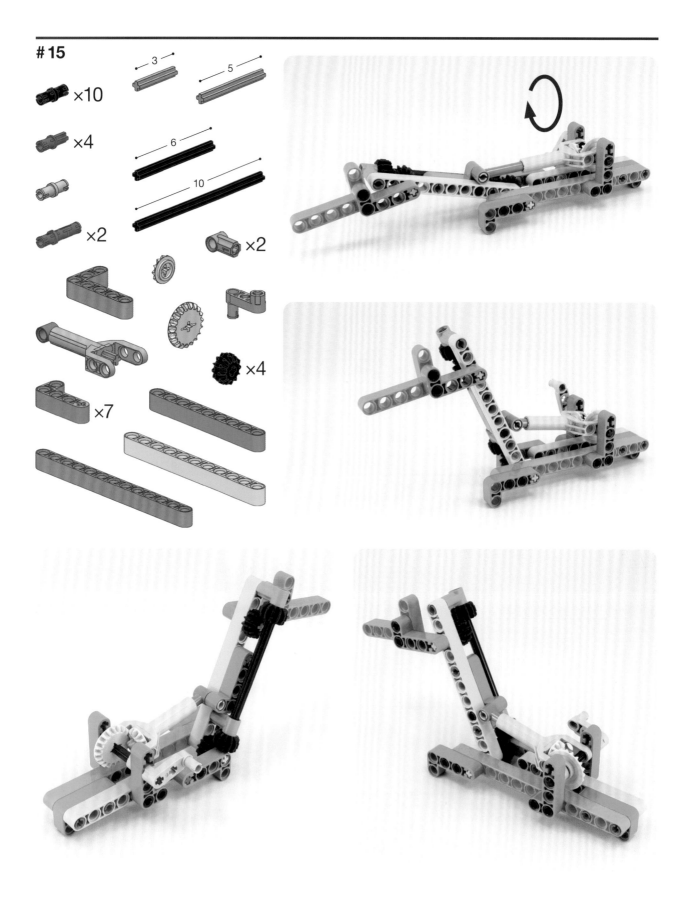

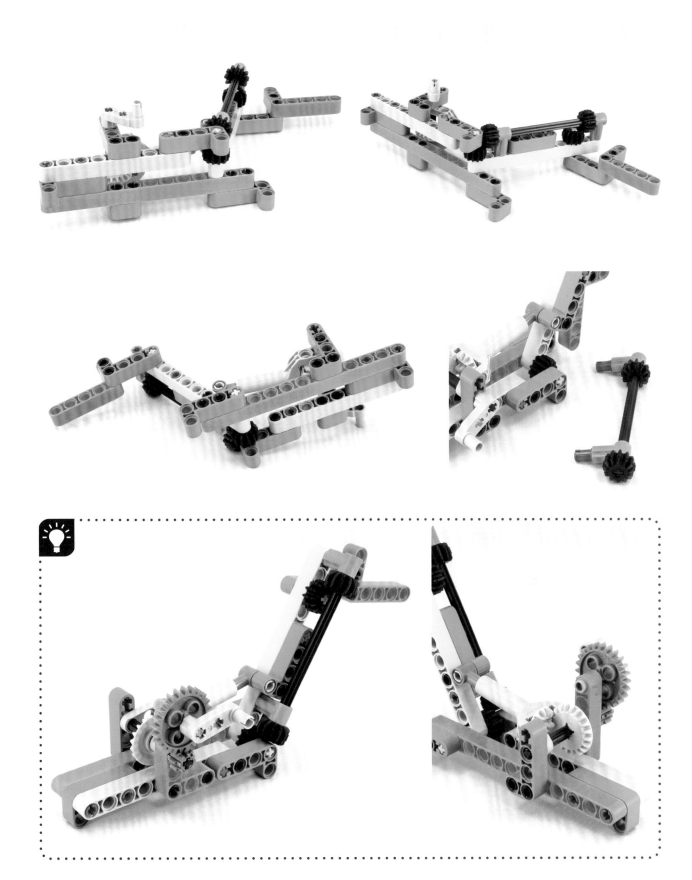

#16

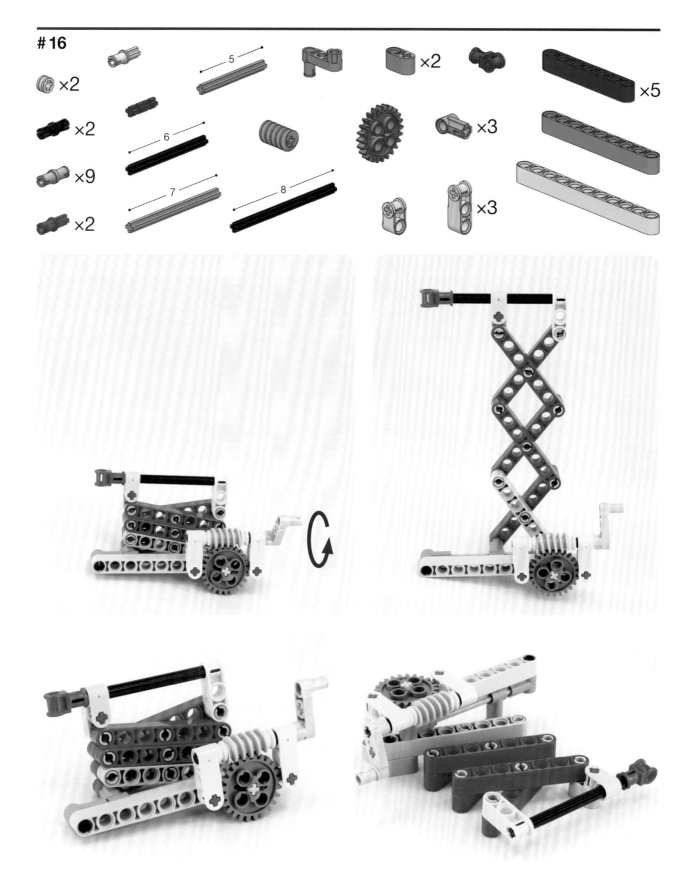

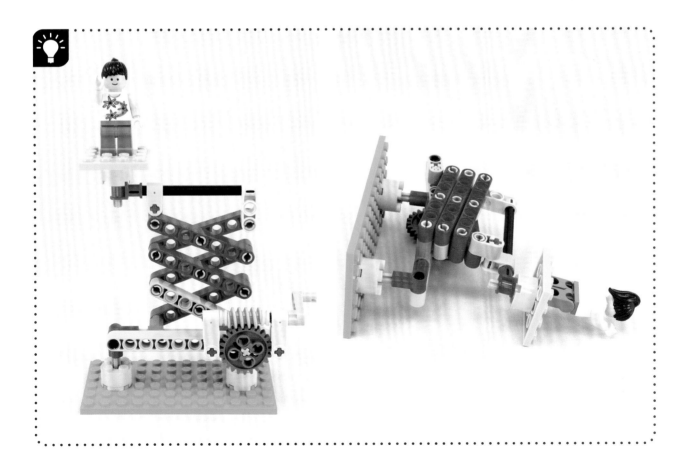

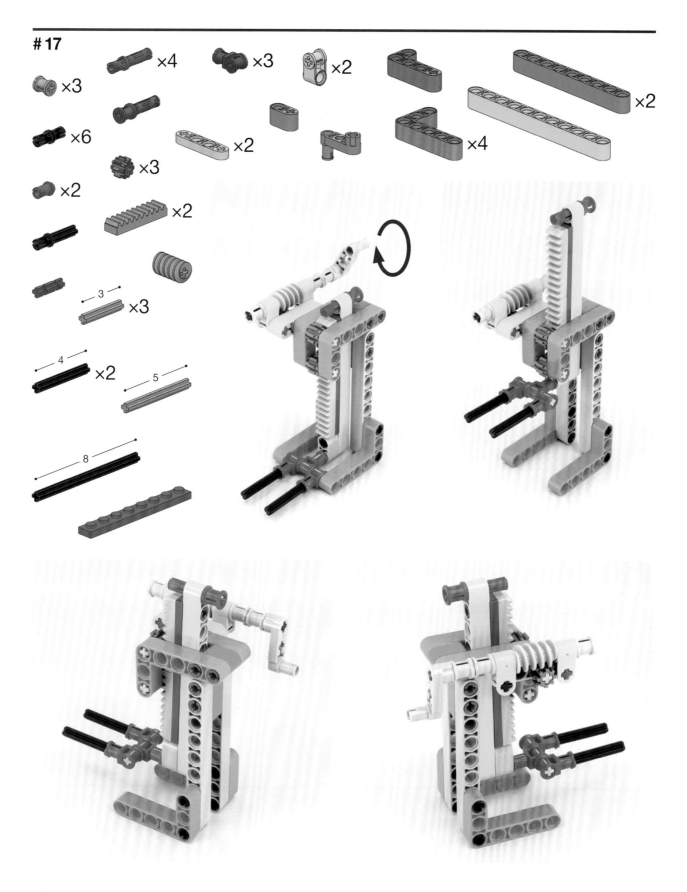

×3
×4
×3
×2
×6
×2
×2
×2
×3
×2
3 ×3
4 ×2
5
8

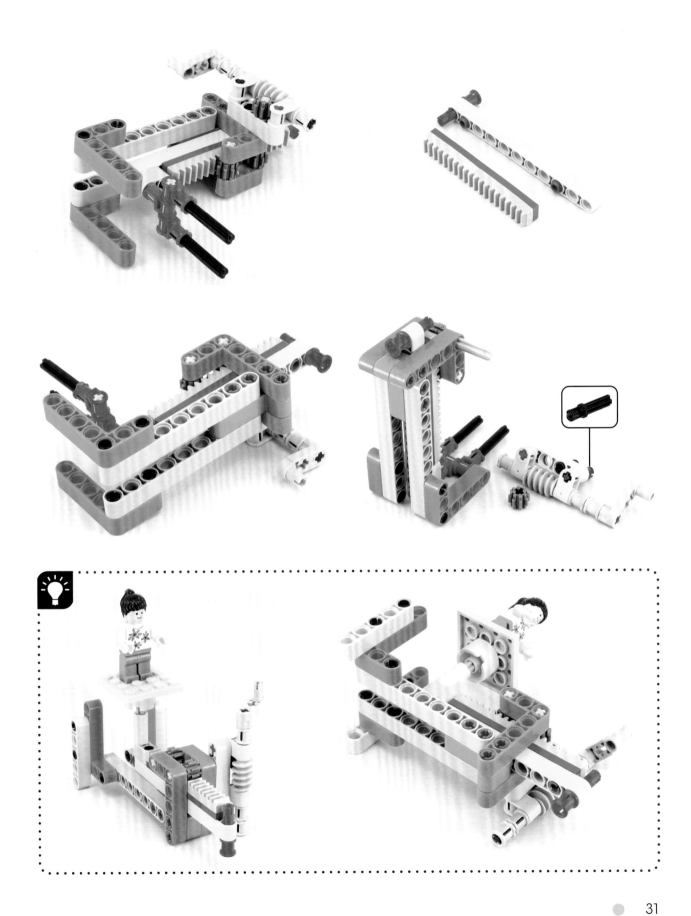

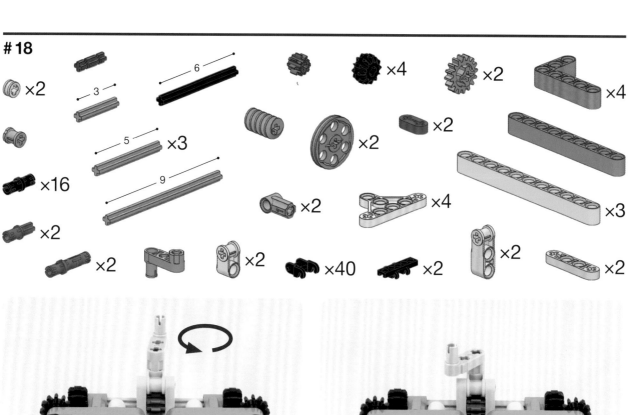

×2 ×3 5 ×3 9 ×16 ×2 ×2 6 ×4 ×2 ×2 ×4 ×40 ×2 ×4 ×2 ×4 ×2 ×3 ×2 ×2

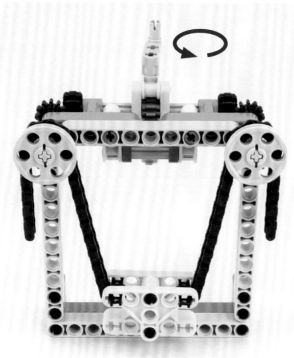

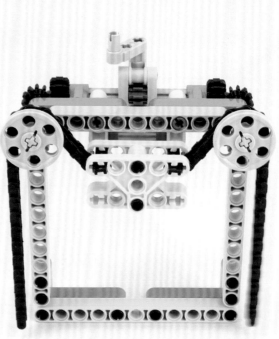

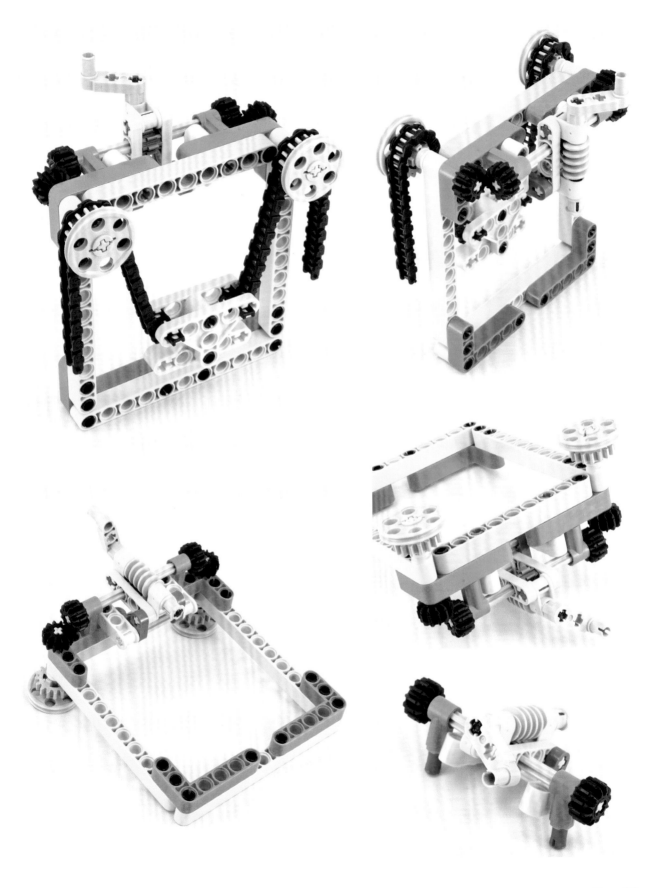

夾取工具

#19

×6

×2

×2

×2

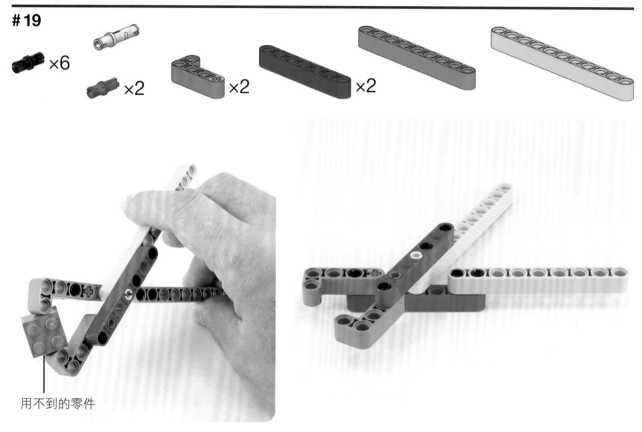

用不到的零件

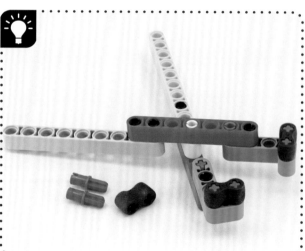

#20

×10 ×2 ×2 ×4 ×2 ×2 ×2 ×4

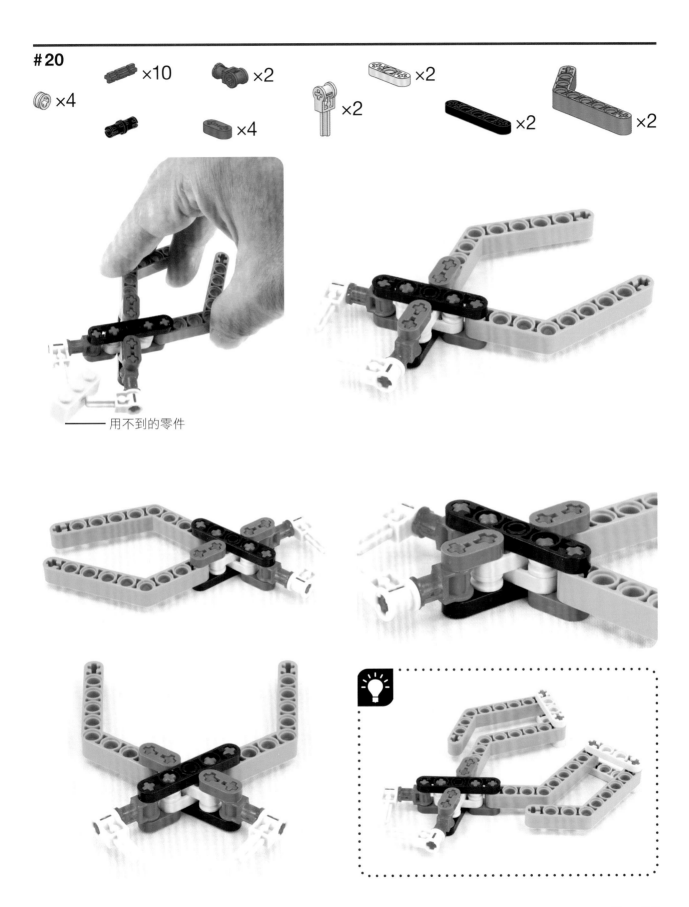

用不到的零件

#21

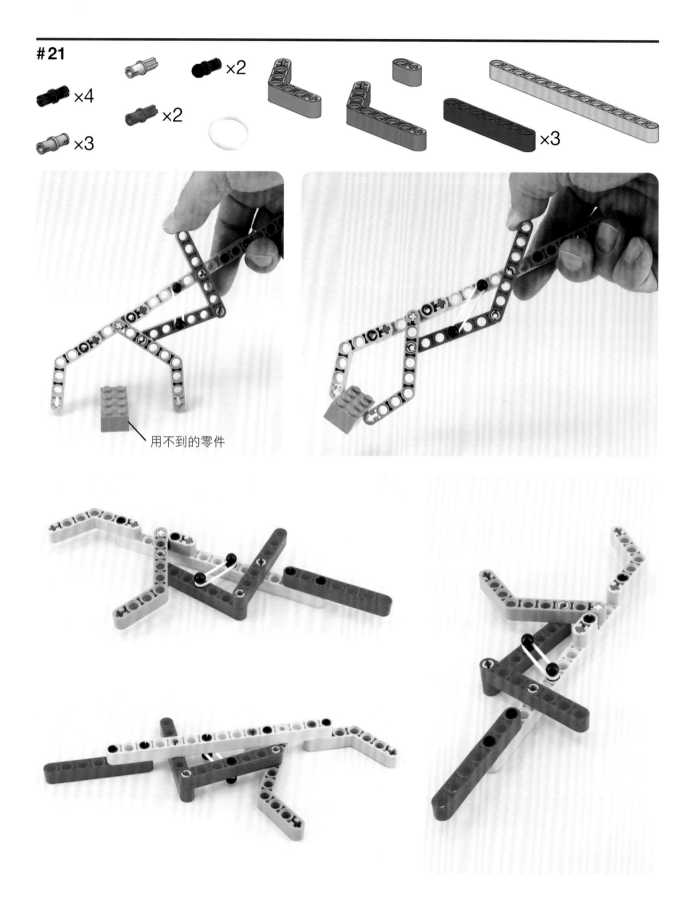

用不到的零件

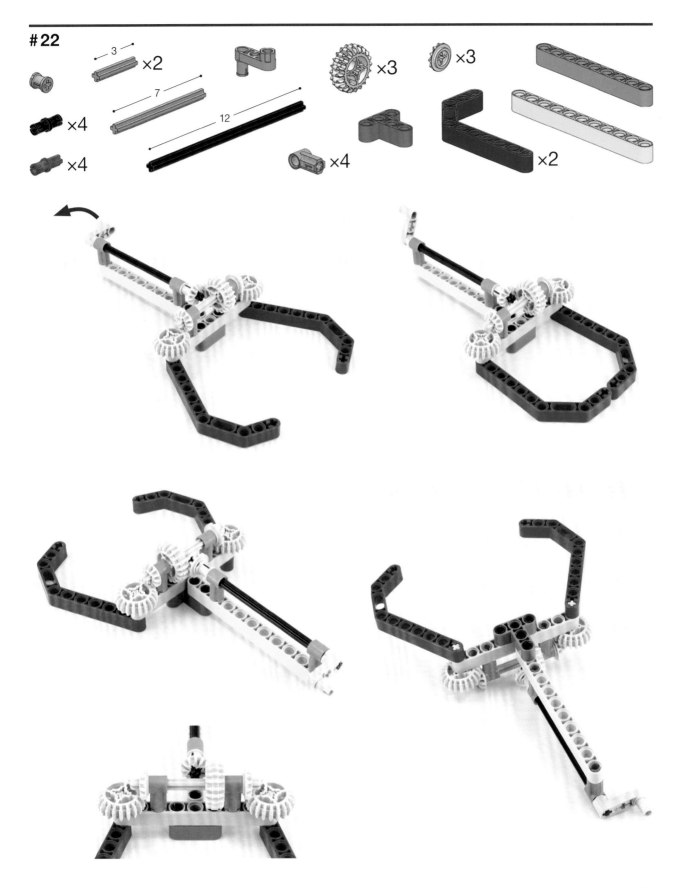

#23

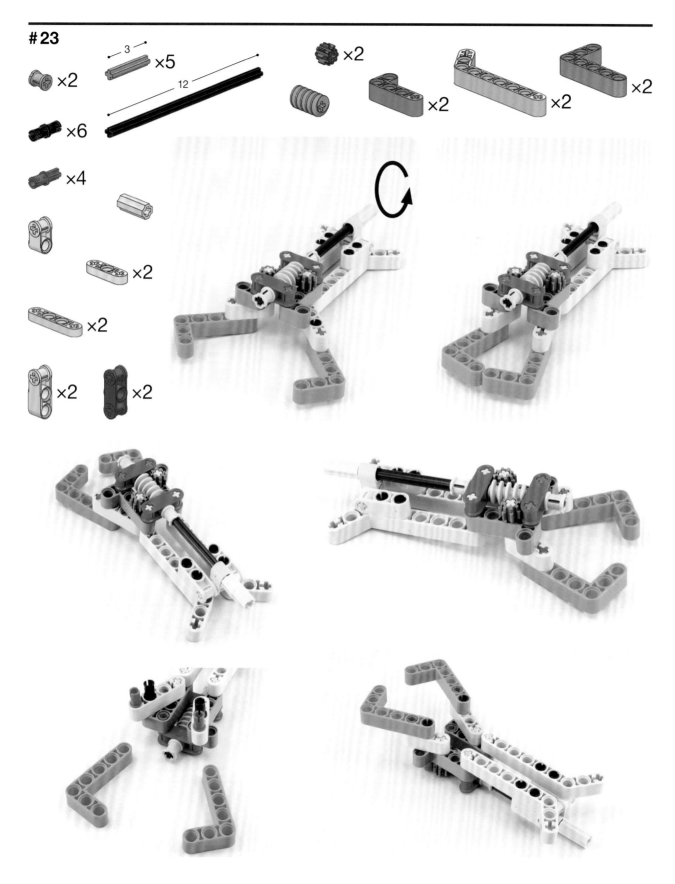

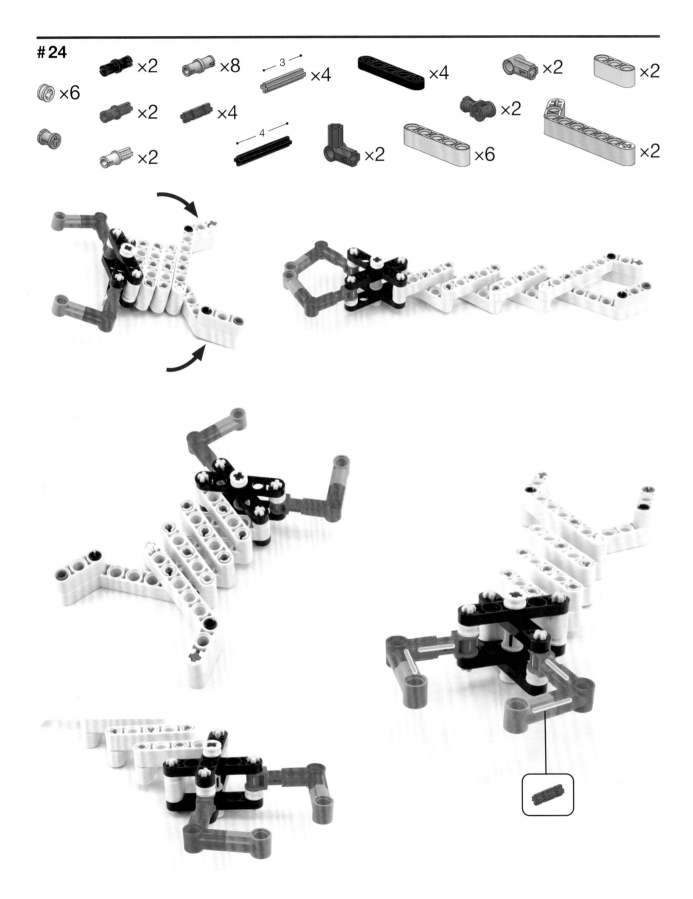

×2 ×8 3 ×4 ×4 ×2 ×2

×6

×2 ×4 ×2

×2 4 ×2 ×6 ×2

#25

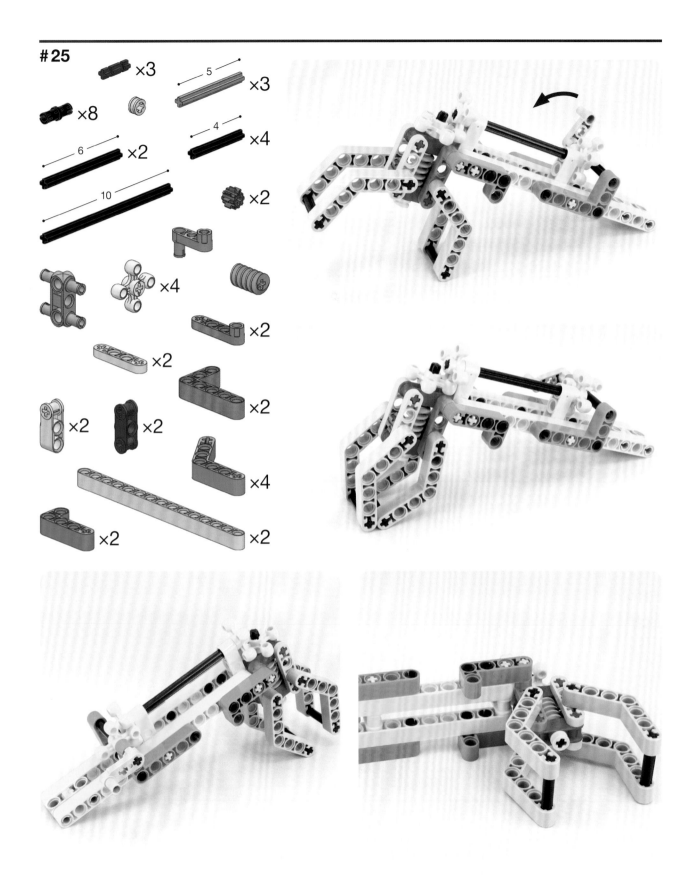

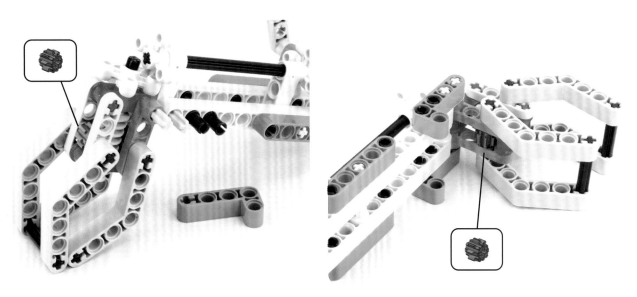

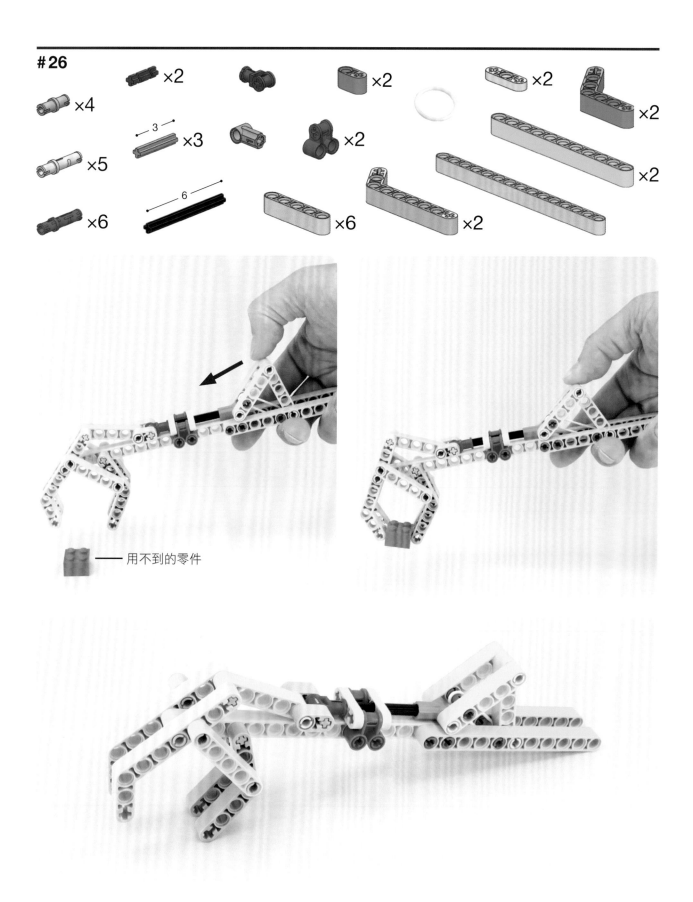

用不到的零件

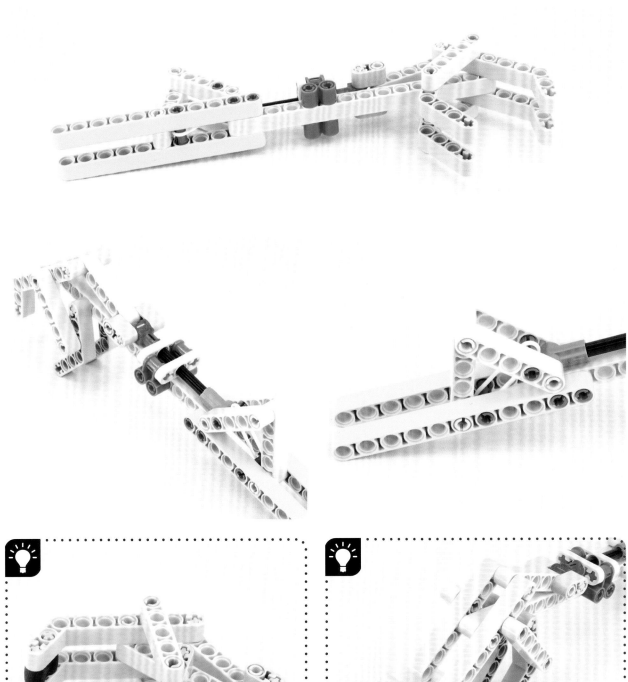

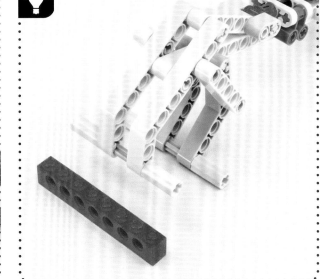

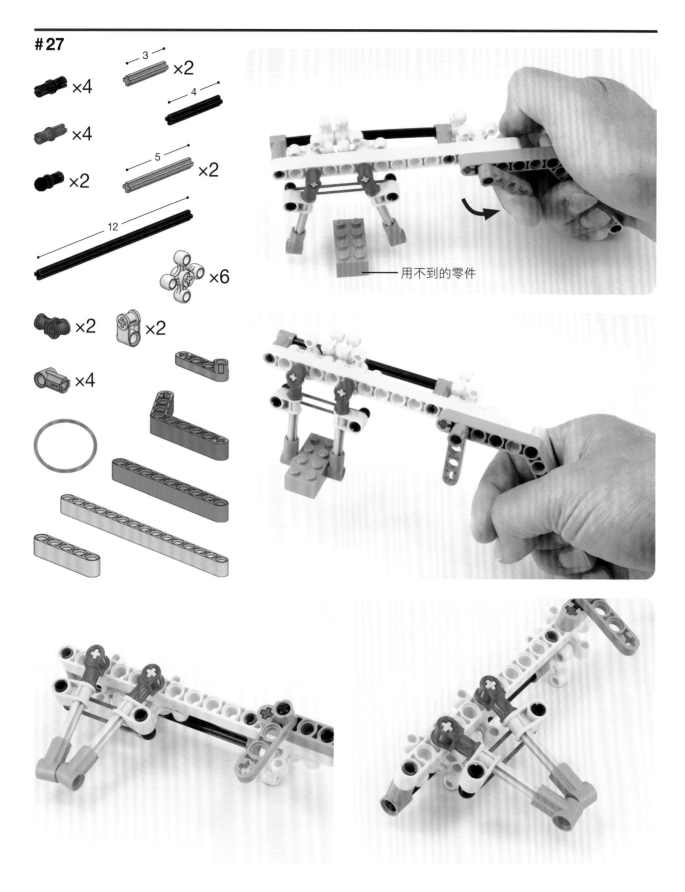

×4
×2
3
4
×4
5
×2
×2
12
×6
×2 ×2
×4

用不到的零件

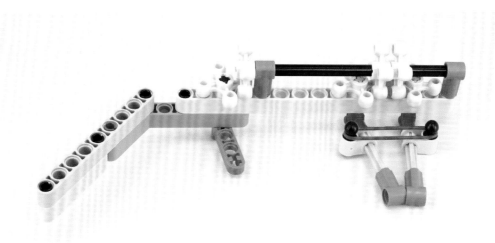

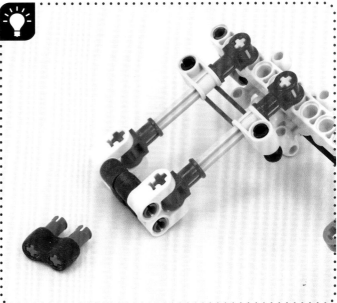

#28

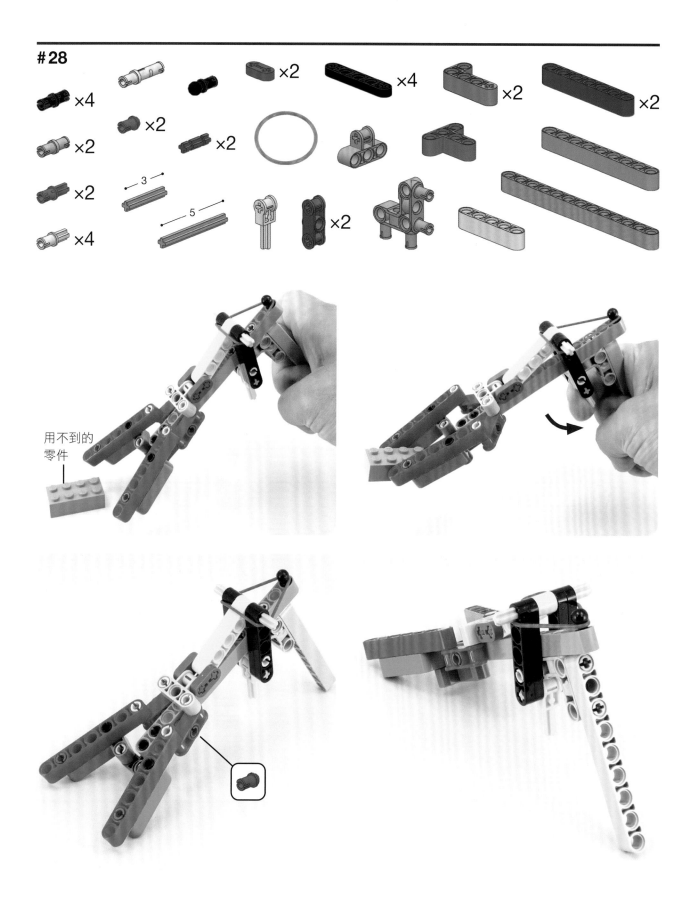

用不到的
零件

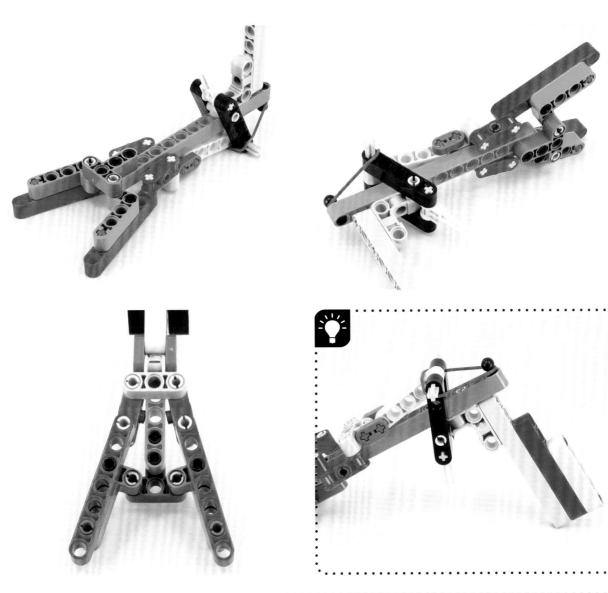

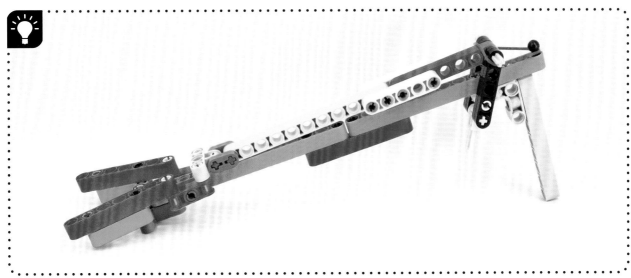

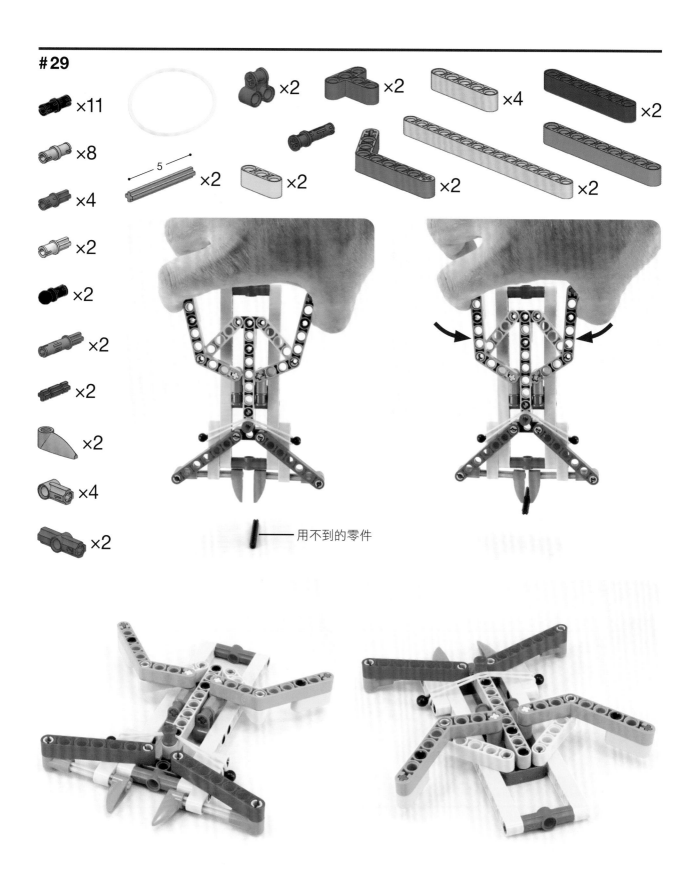

×11
×8
×2
×5 ×2
×2
×2
×4
×2
×2
×4
×2
×2
×2
×2
×2
×2
×4
×2

用不到的零件

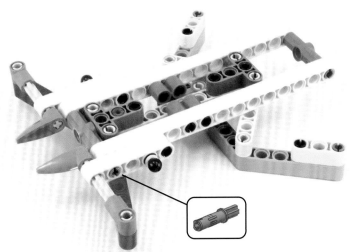

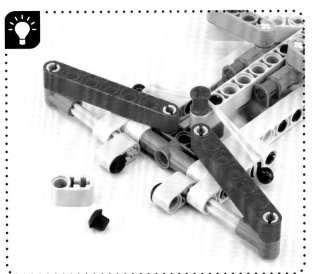

絞盤

30

×2

×5

×3

6

4

×4

合適的線材

×2

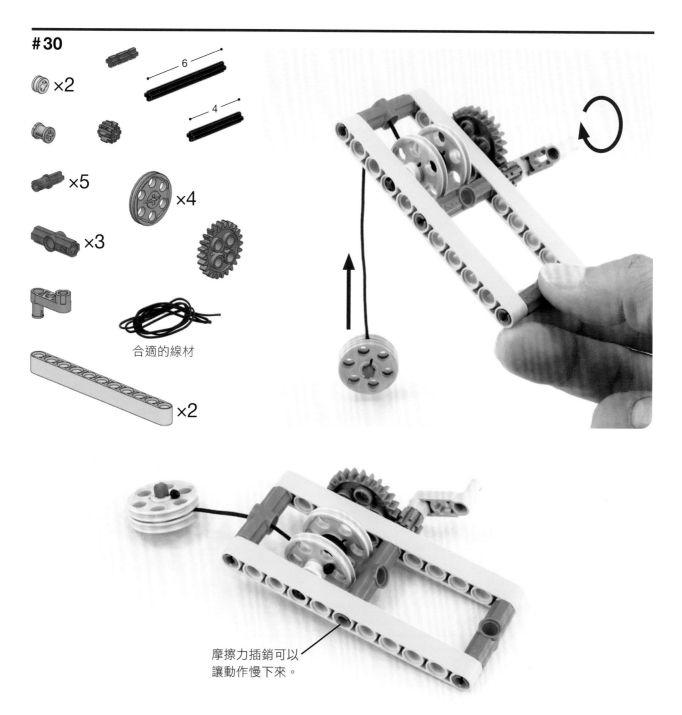

摩擦力插銷可以
讓動作慢下來。

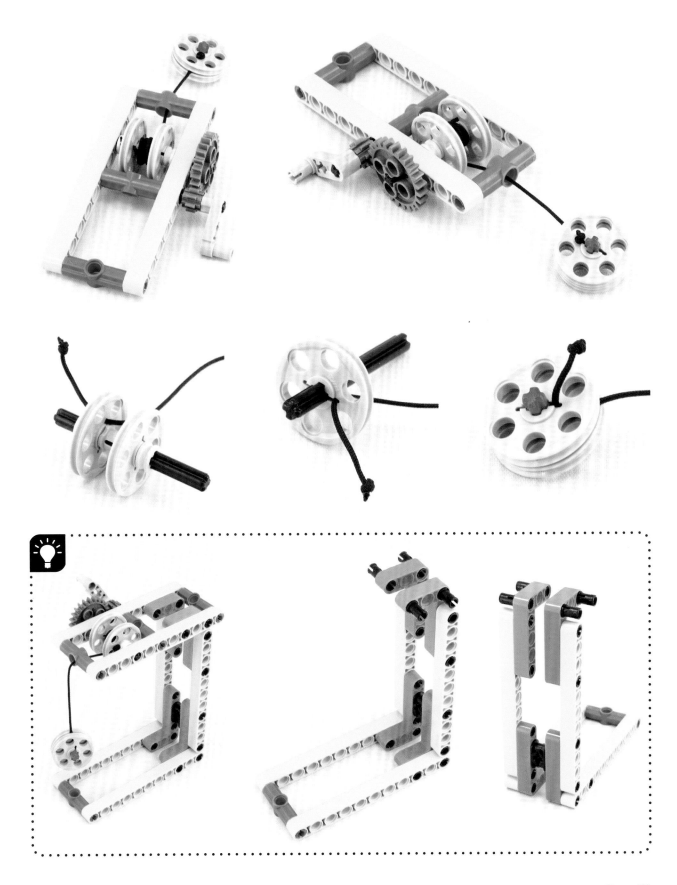

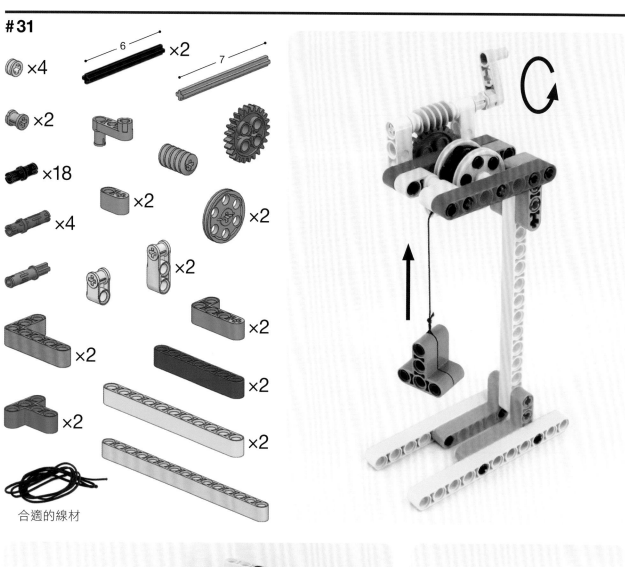

合適的線材

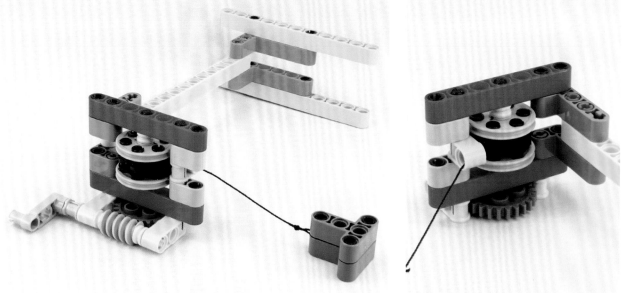

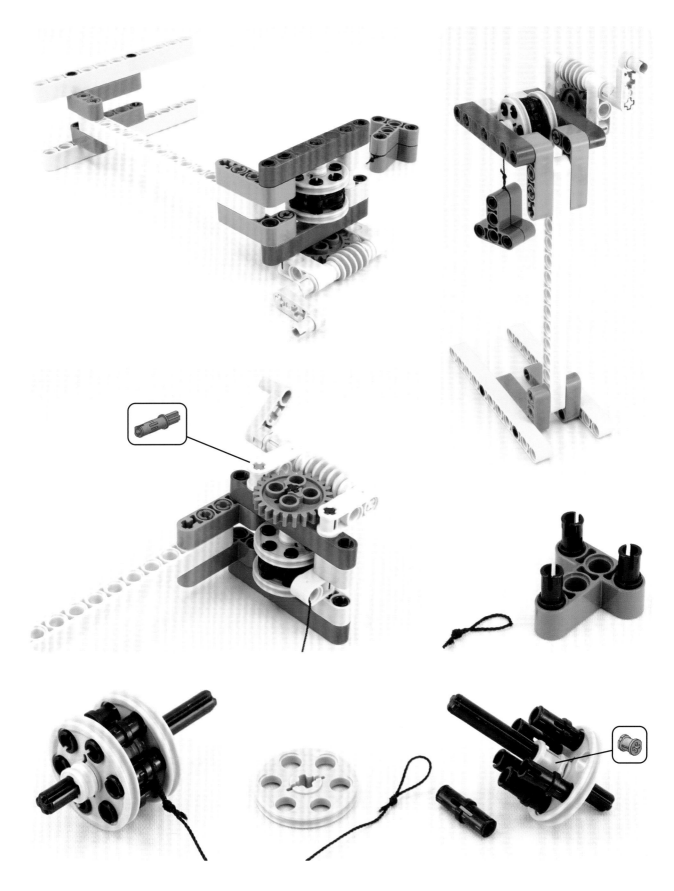

#32

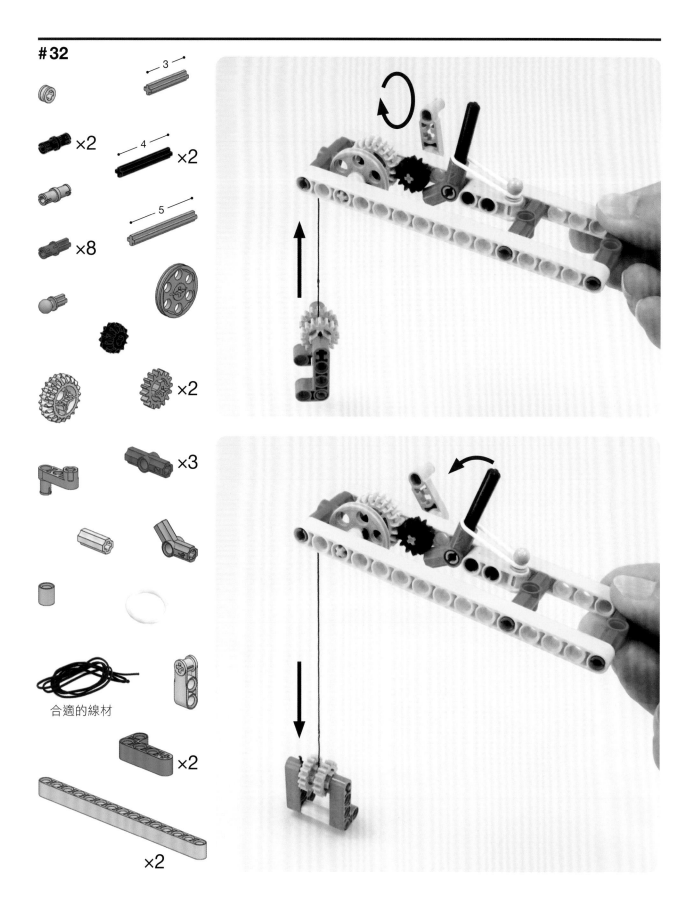

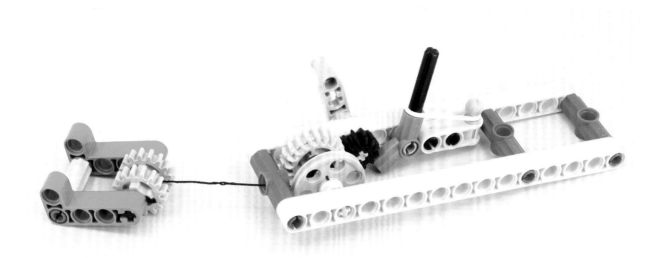

發射裝置

×8　×2　×2　×4

×2

×5　4　×2　×3

×3　5　×3　×2

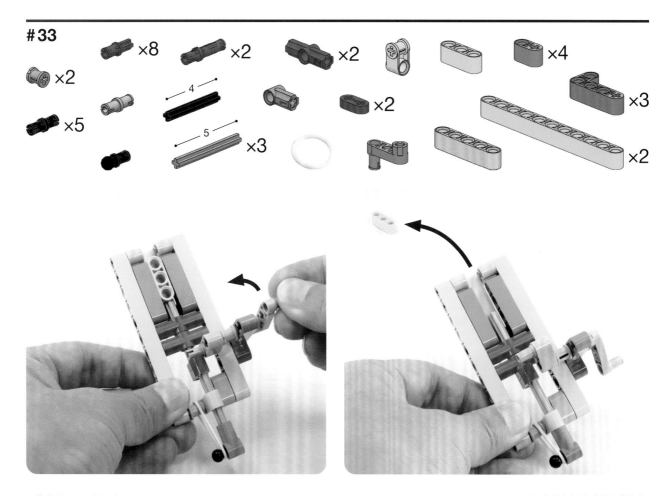

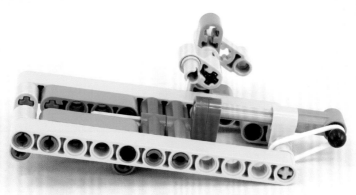

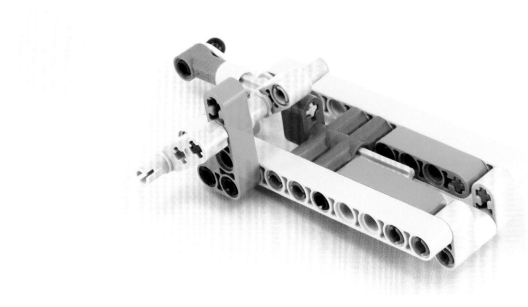

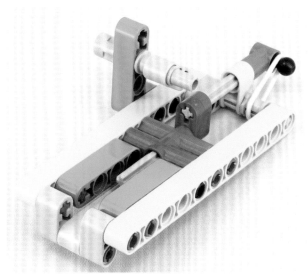

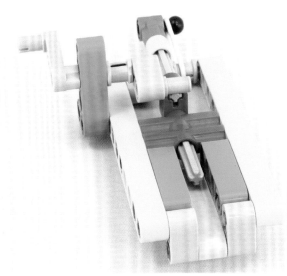

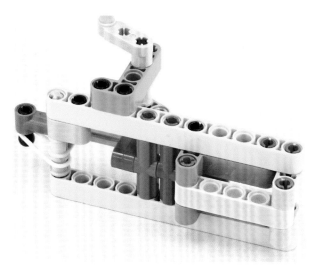

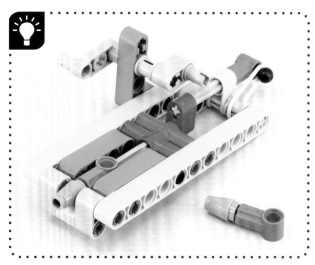

#34

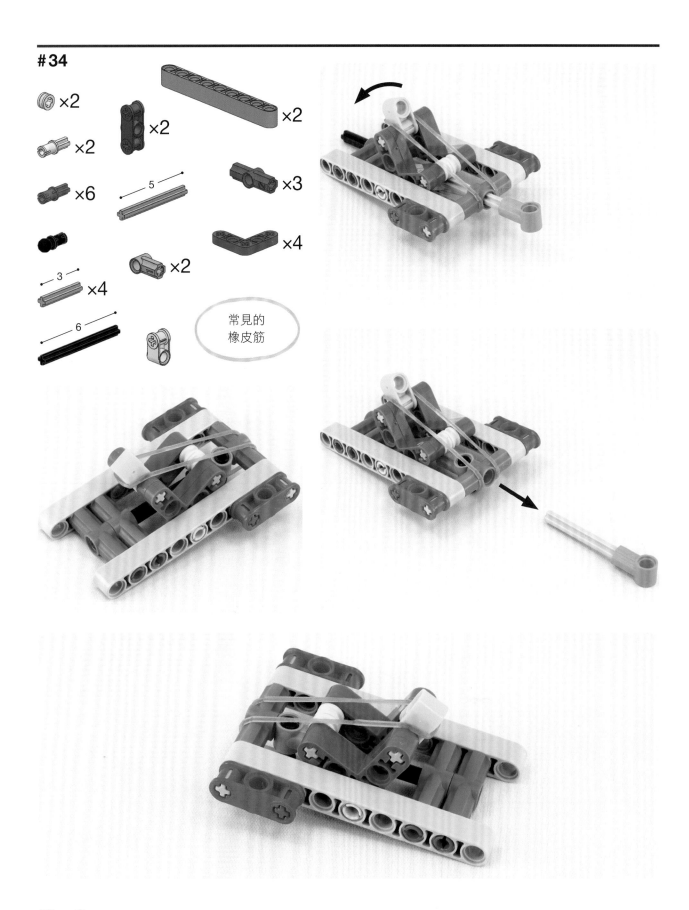

常見的
橡皮筋

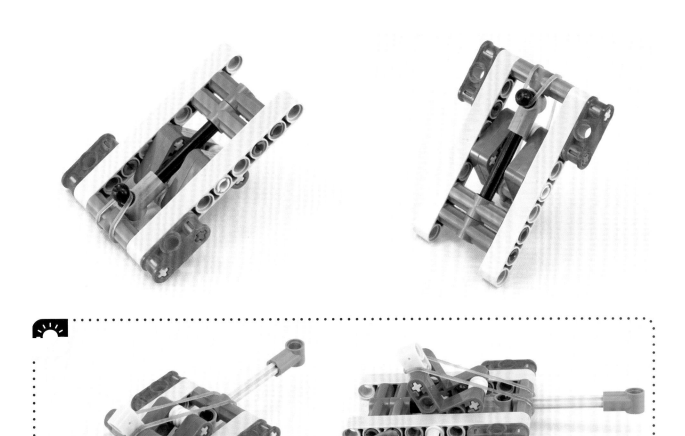

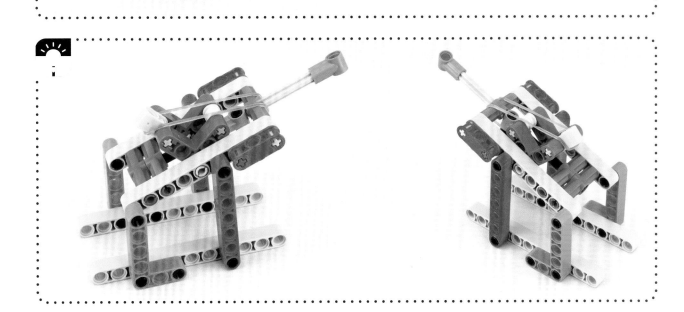

#35

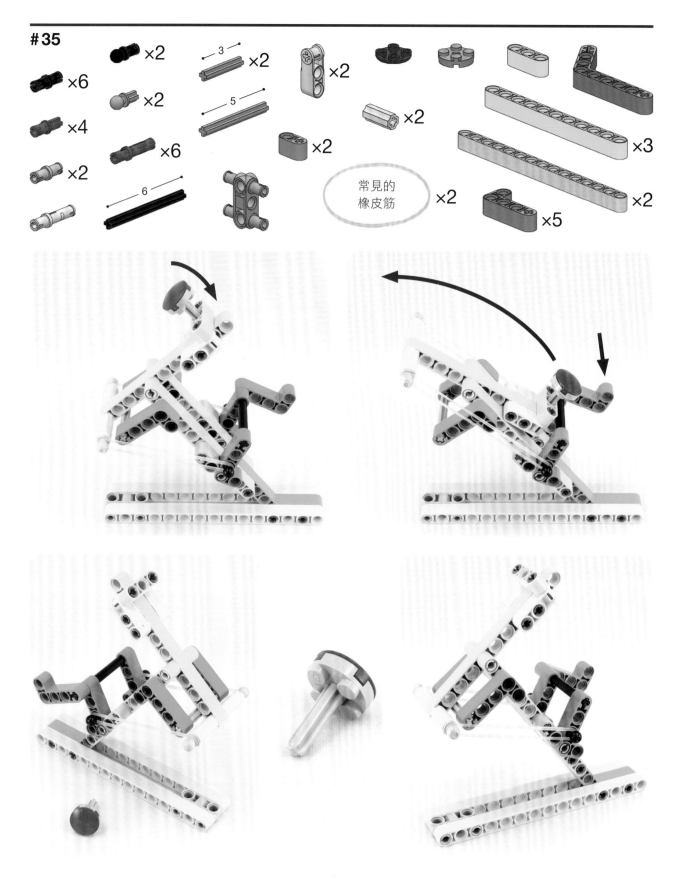

常見的
橡皮筋

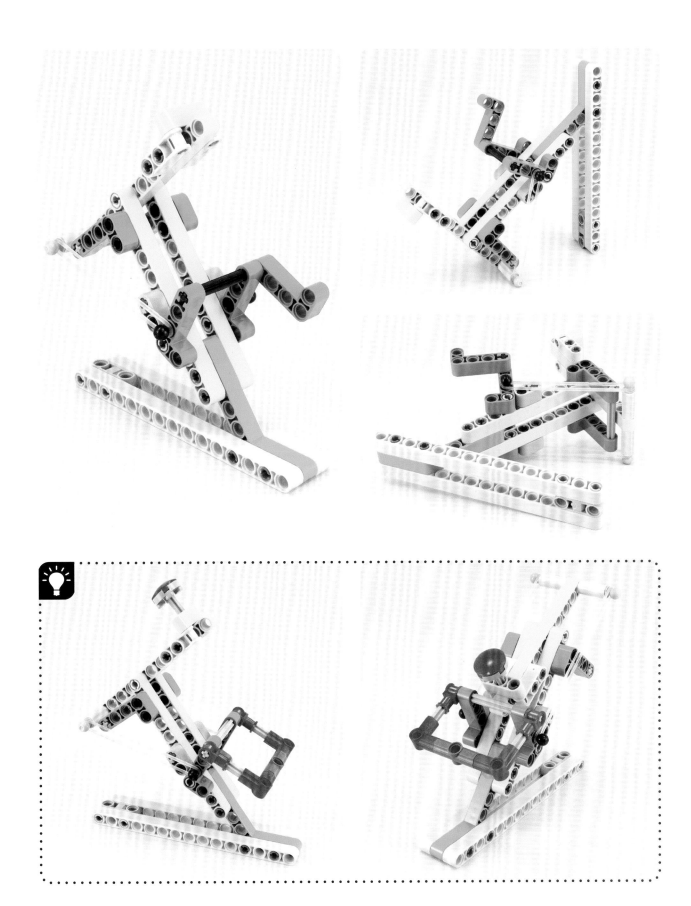

#36

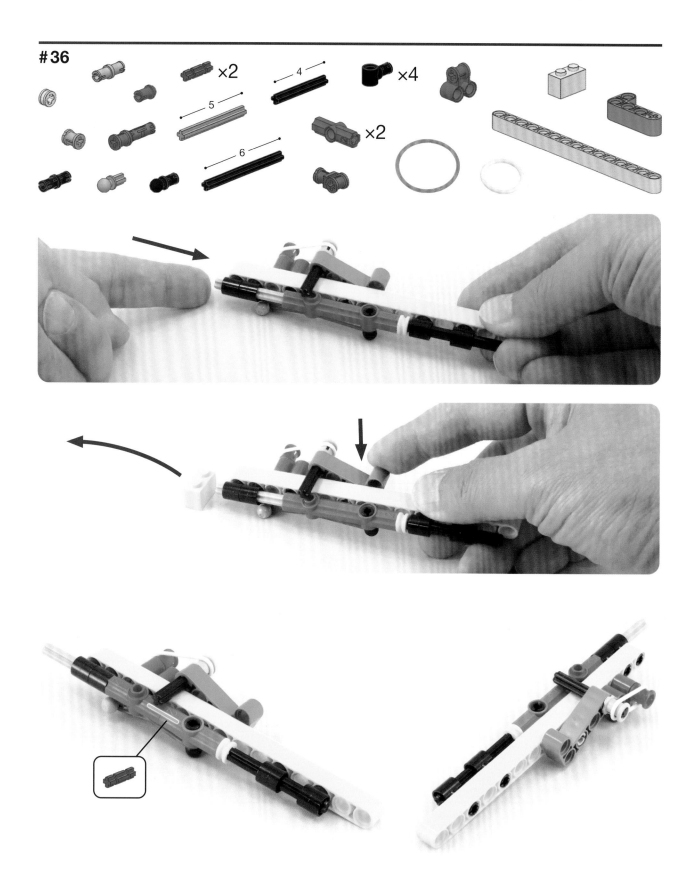

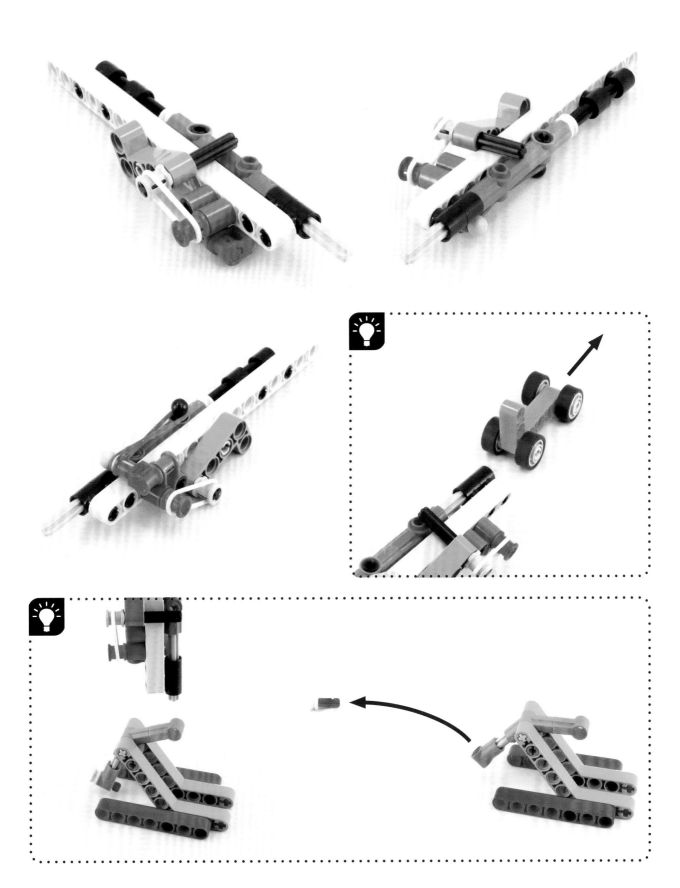

#37

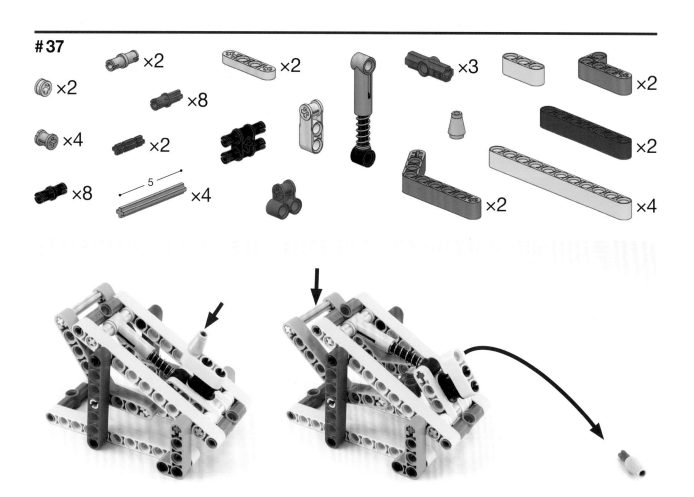

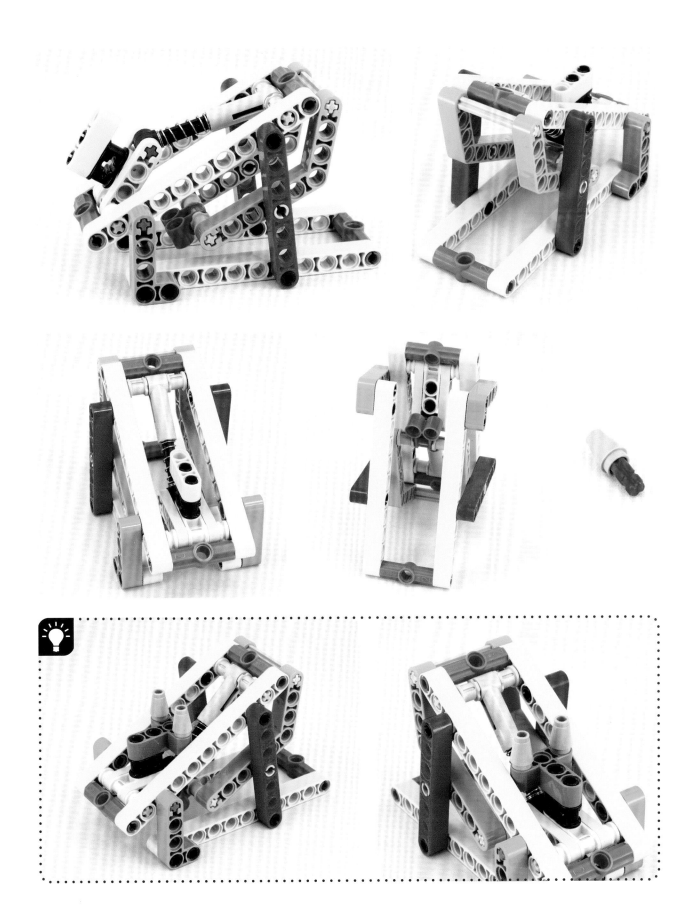

風力裝置

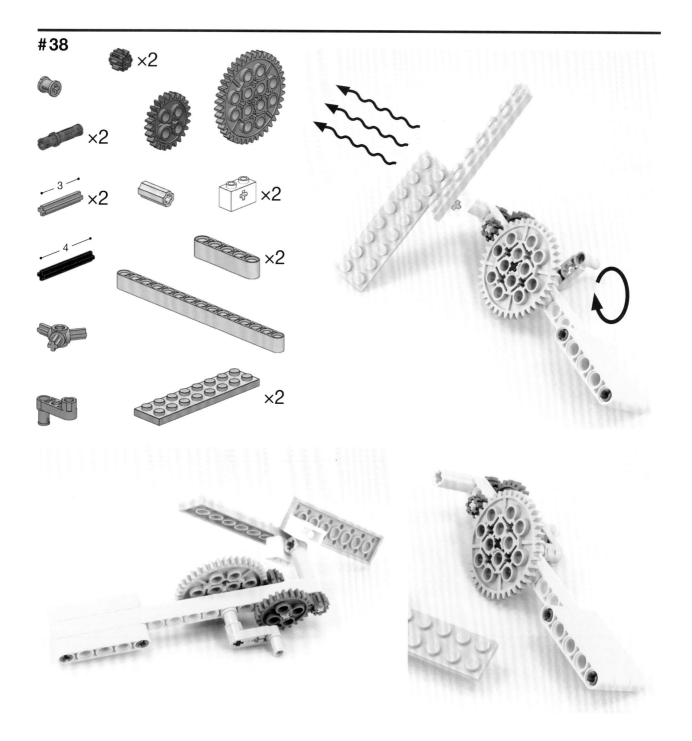

38

×2

×2

×2

3 ×2

4

×2

×2

×2

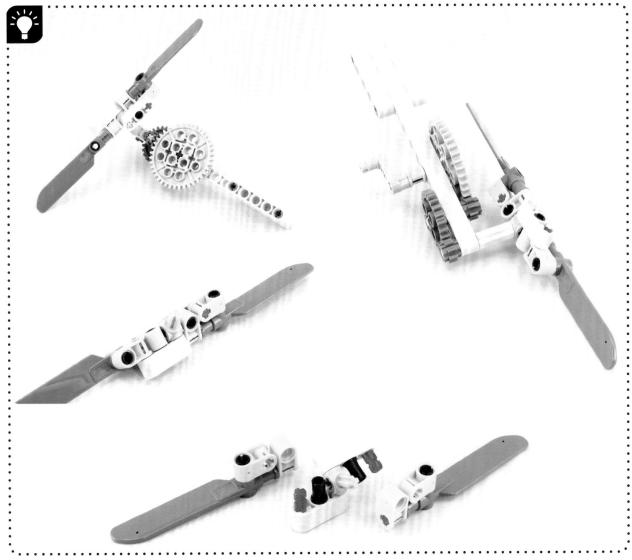

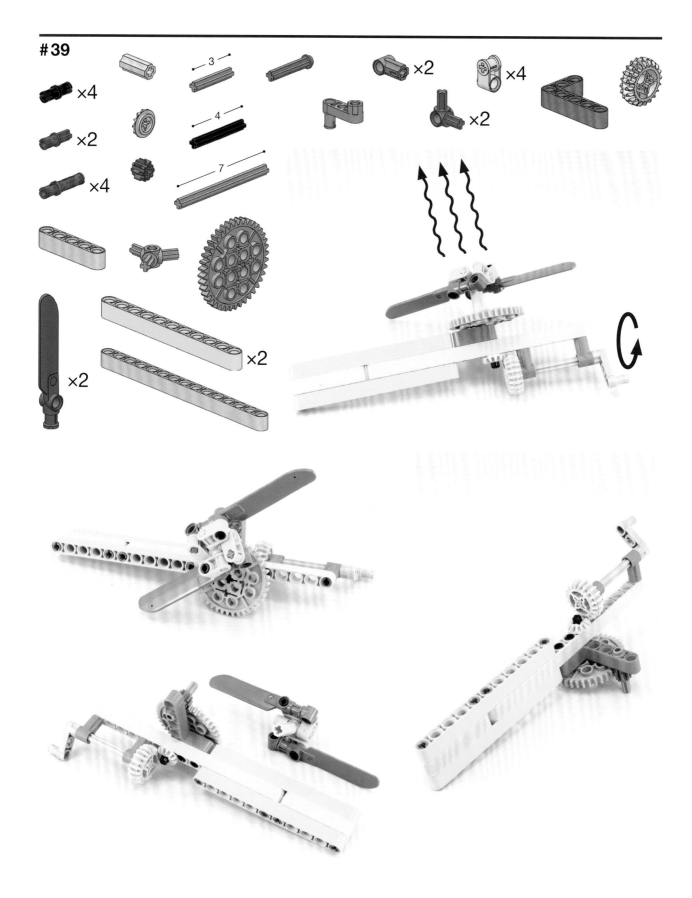

×4

×2

×4

×2

×4

7

4

3

×2

×4

×2

×2

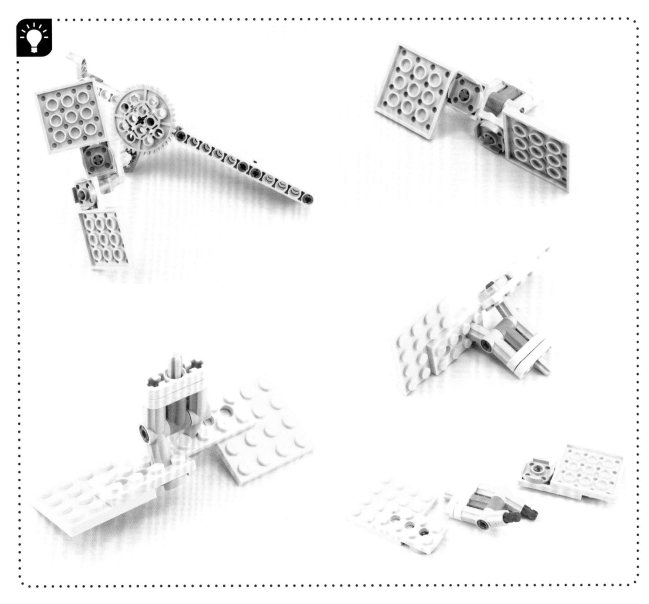

#40

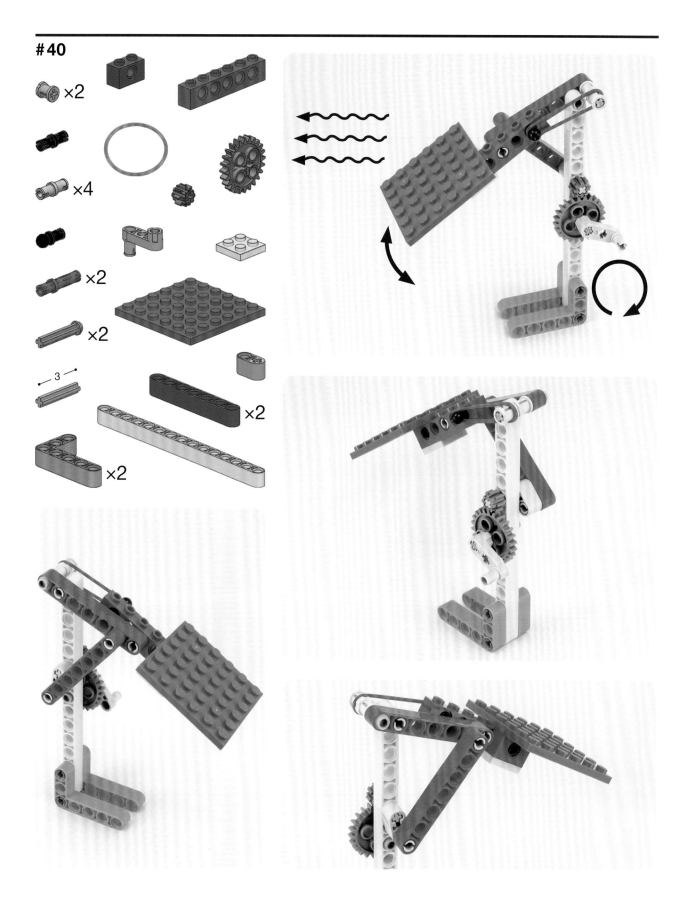

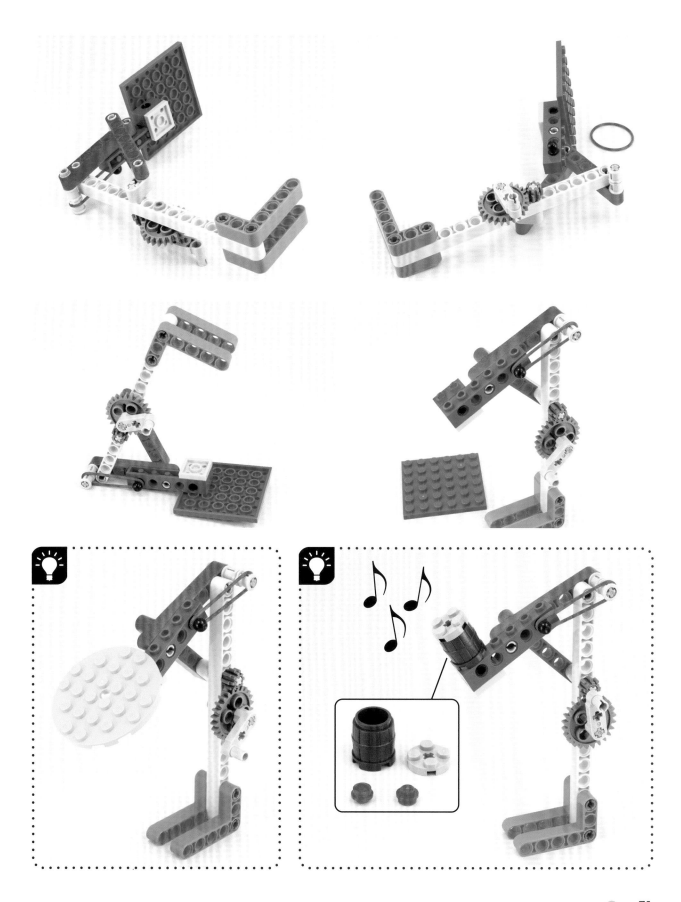

#41

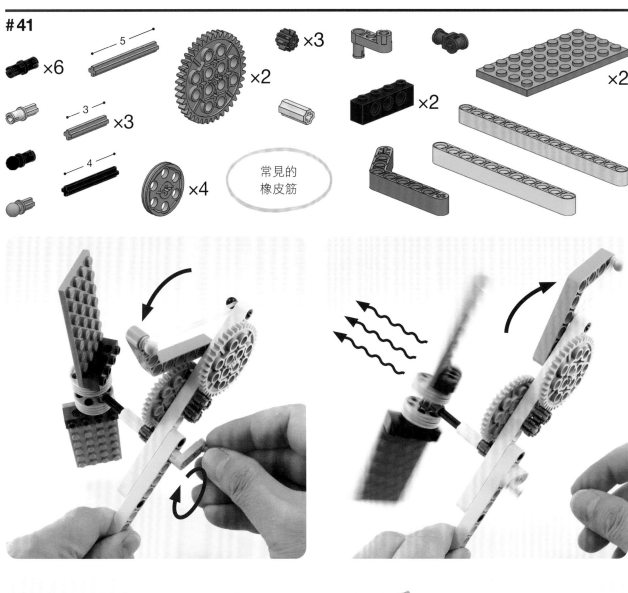

轉動把手時不要轉太快，
因為扇葉很容易掉下來。

常見的
橡皮筋

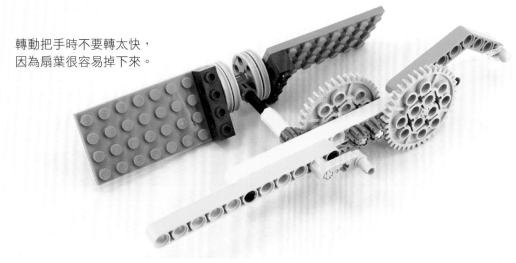

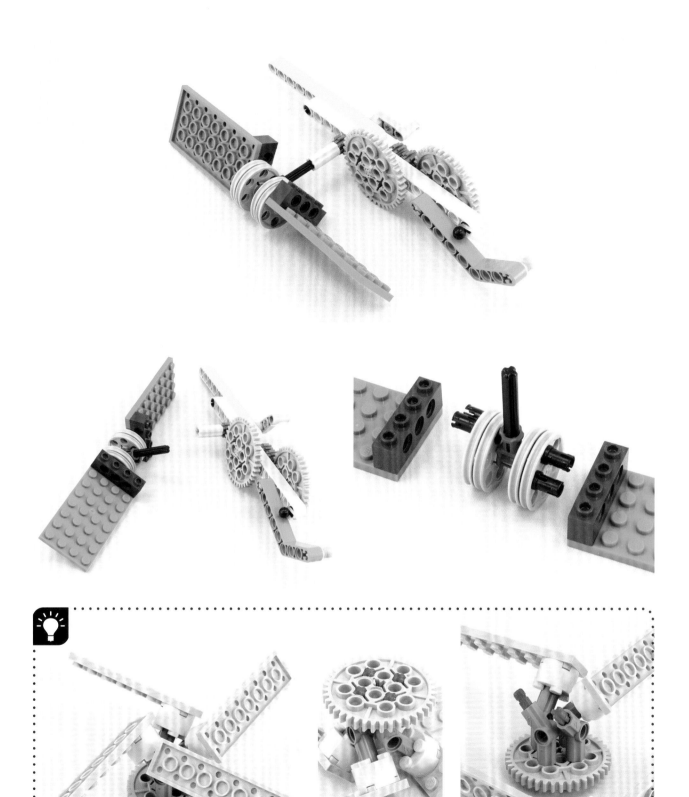

陀螺

#42

×4

4

×6

3

×3

×2

×2

×2

×3

×2

轉動把手,接著
把 1 x 11 橫桿垂
直拉起來。

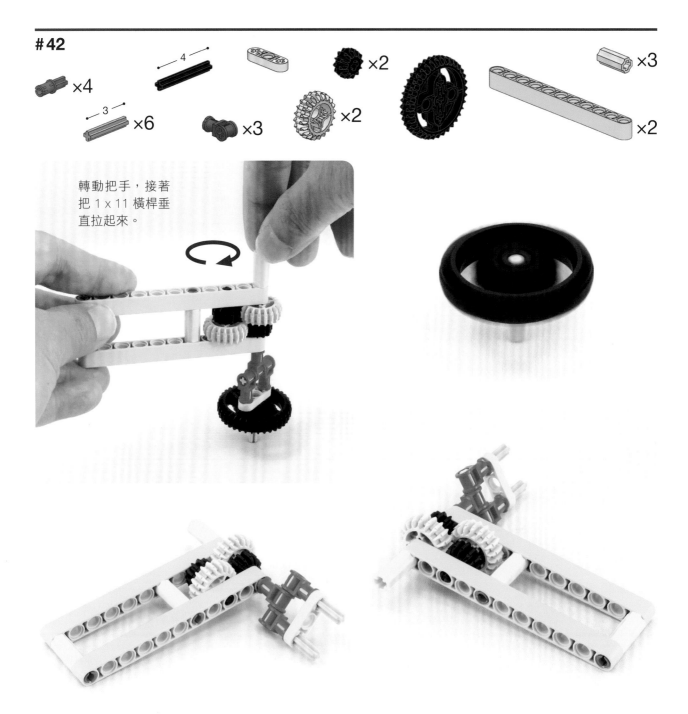

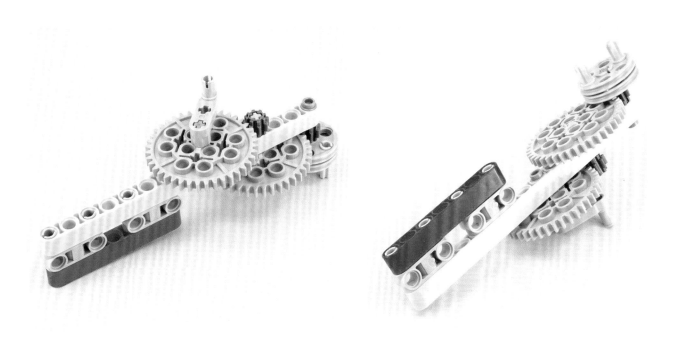

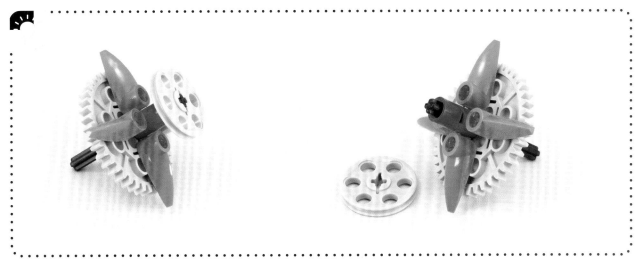

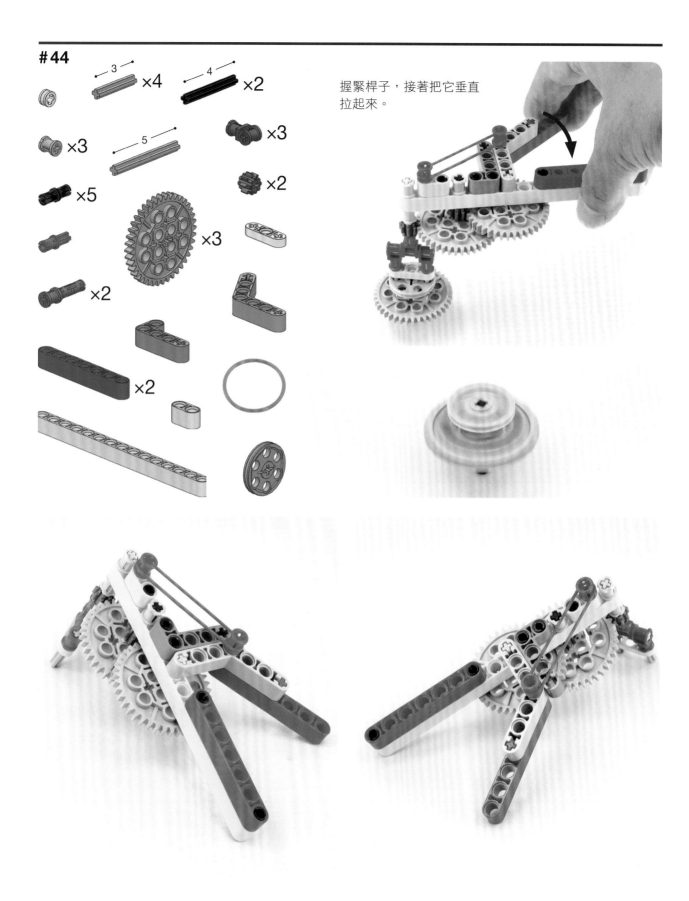

43

#44

×4

×2

×3

×3

×5

×2

×3

×2

×2

握緊桿子，接著把它垂直
拉起來。

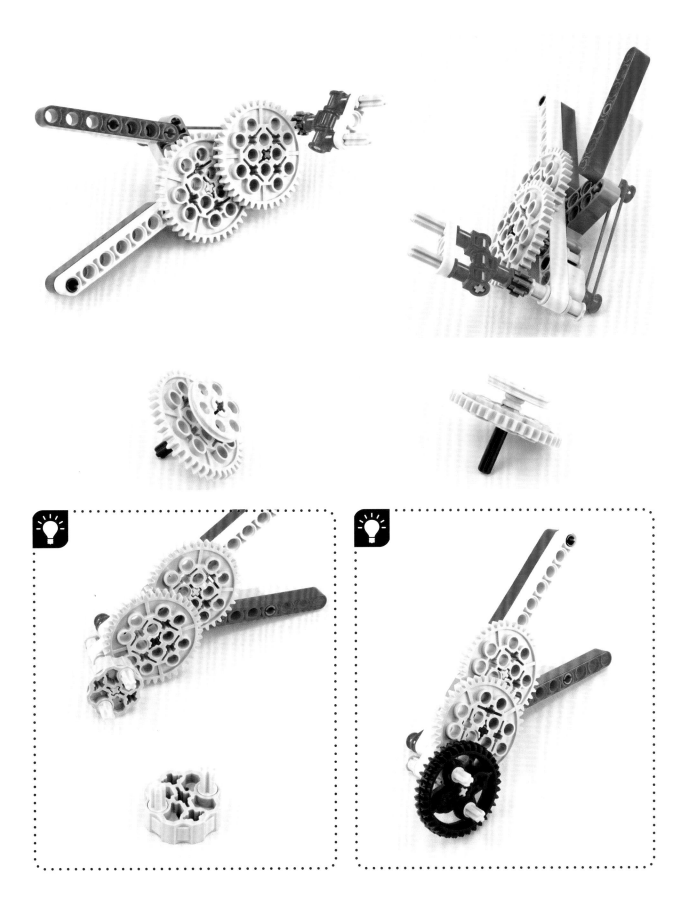

#45

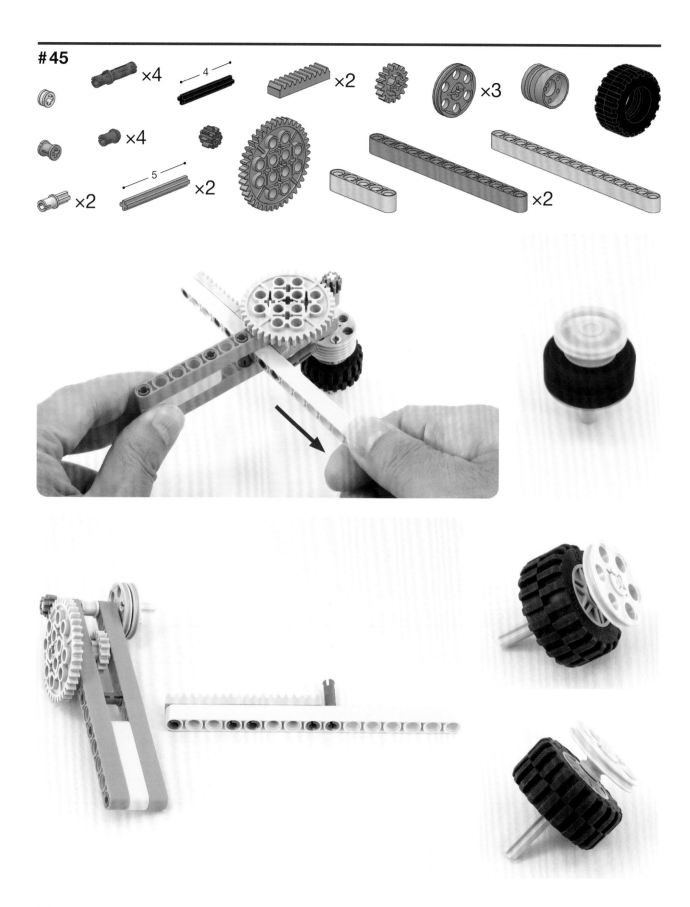

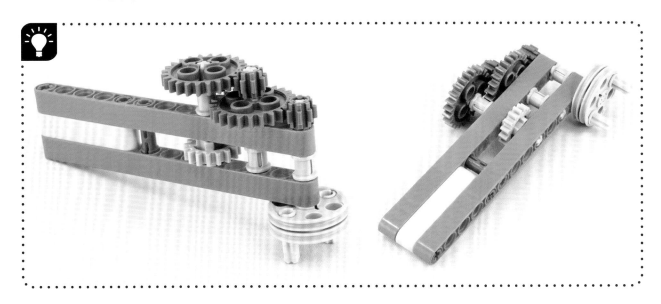

×5

×12

×2

4

×2

5

6 ×8 ×2

×2

×2

×4

×2

×3

×2

×3

×3

×3

1. 插入 1 x 15 橫桿。

2. 把陀螺裝好。

3. 拉出橫桿讓陀螺
　 轉動。

4. 握住陀螺的這裡。

5. 讓陀螺在手指上
　 保持平衡！

×2 ×2 ×3
×2 — 3 — — 5 — ×3
×5 ×2 — 4 —
×2

繪畫裝置

#48

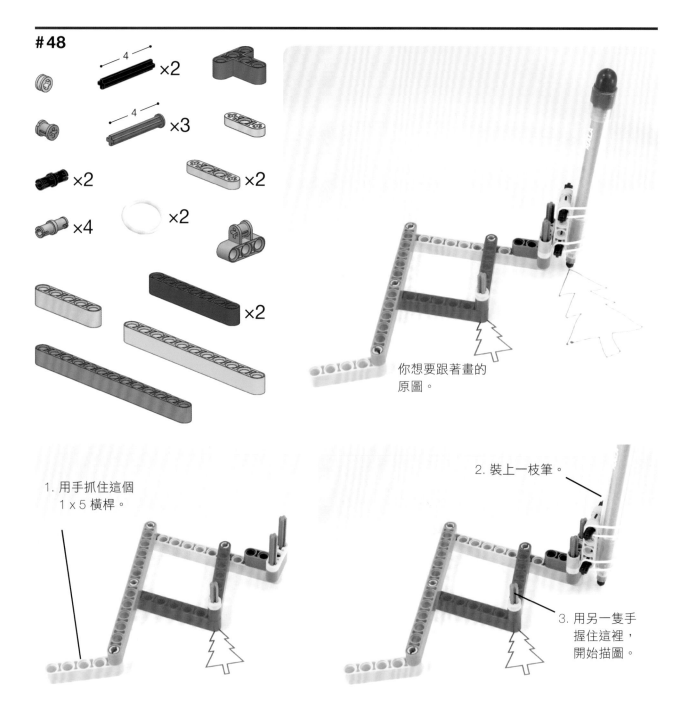

×2

×3

×2

×2

×4

×2

你想要跟著畫的
原圖。

2. 裝上一枝筆。

1. 用手抓住這個
　1 x 5 橫桿。

3. 用另一隻手
　握住這裡，
　開始描圖。

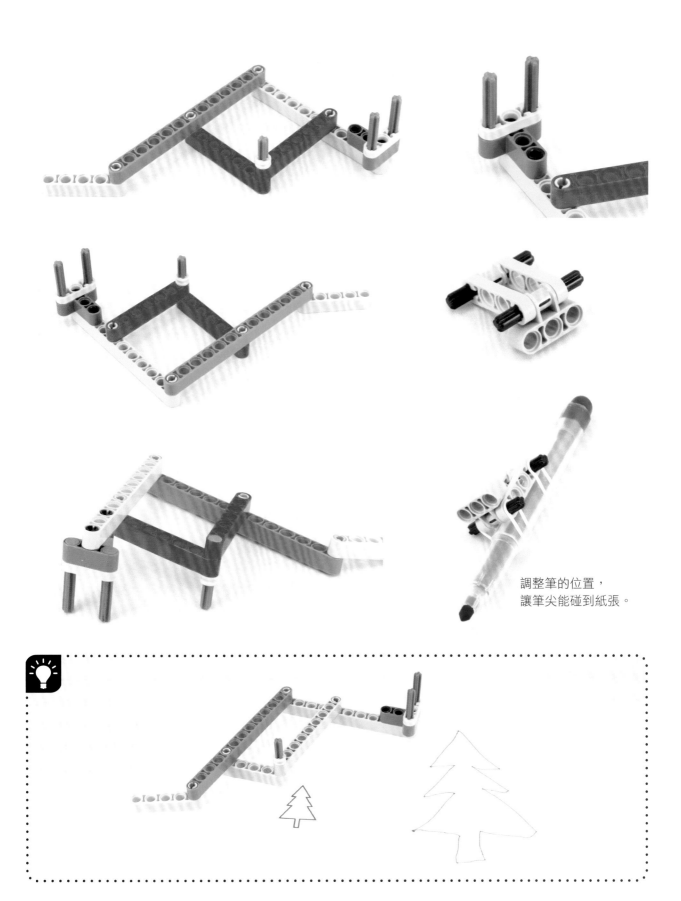

調整筆的位置，
讓筆尖能碰到紙張。

#49

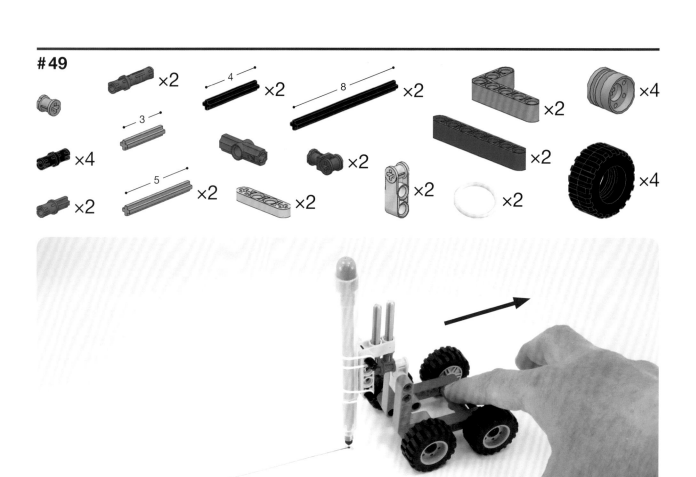

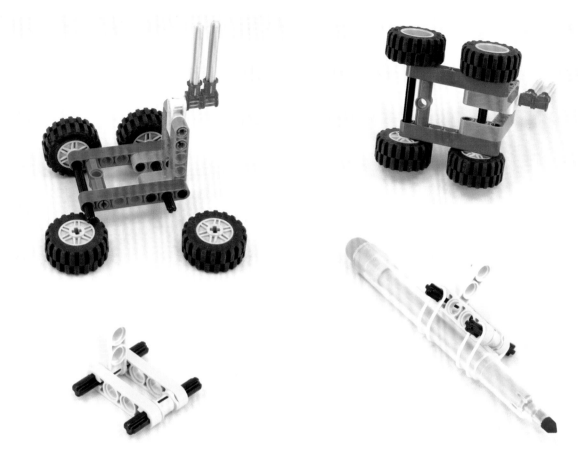

#50

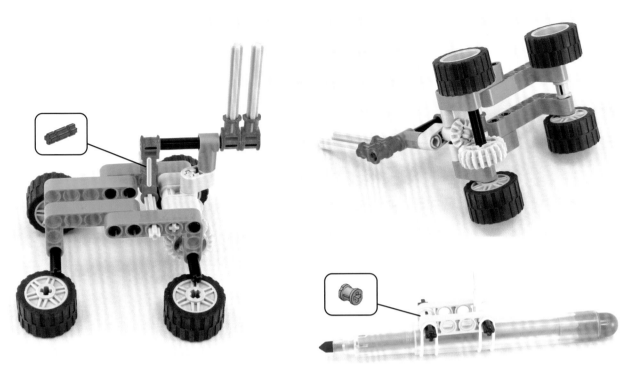

#51

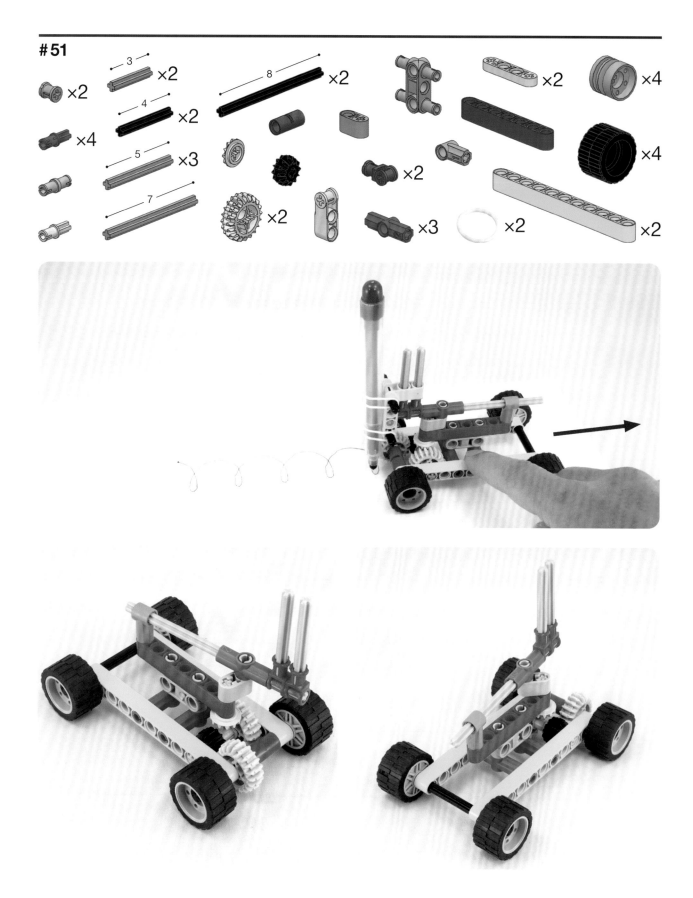

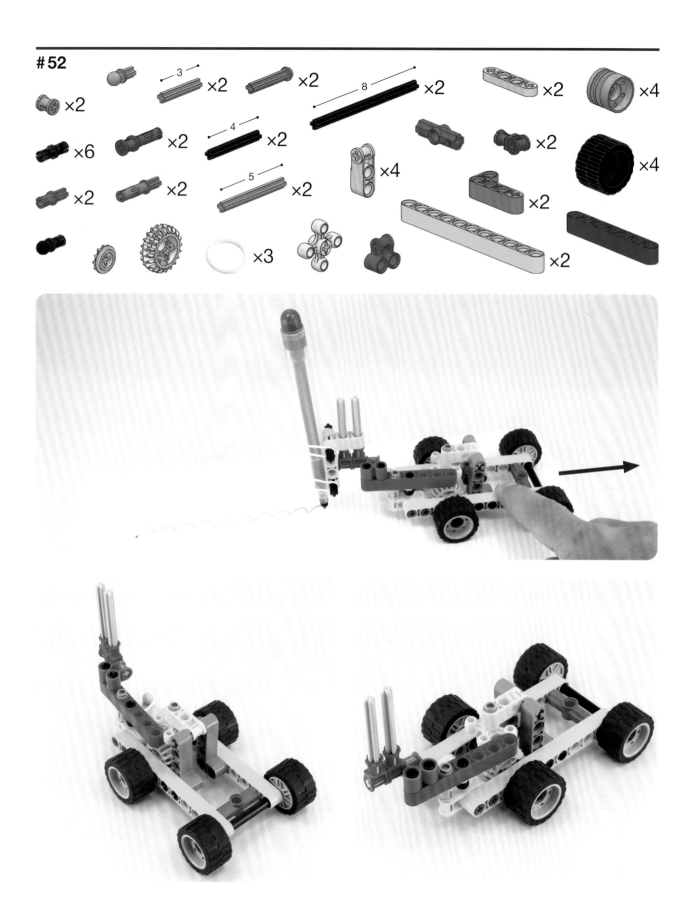

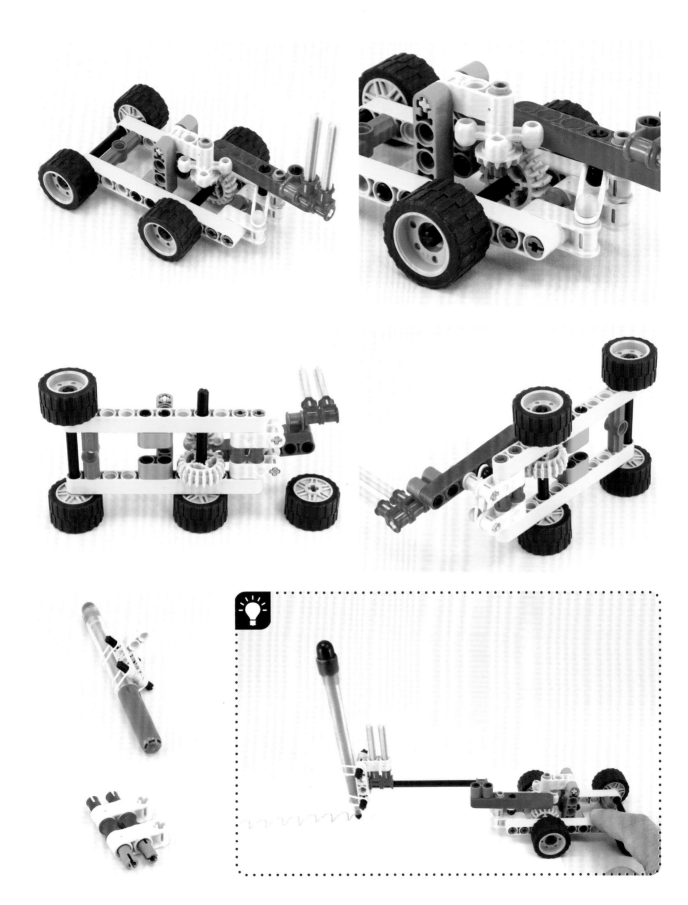

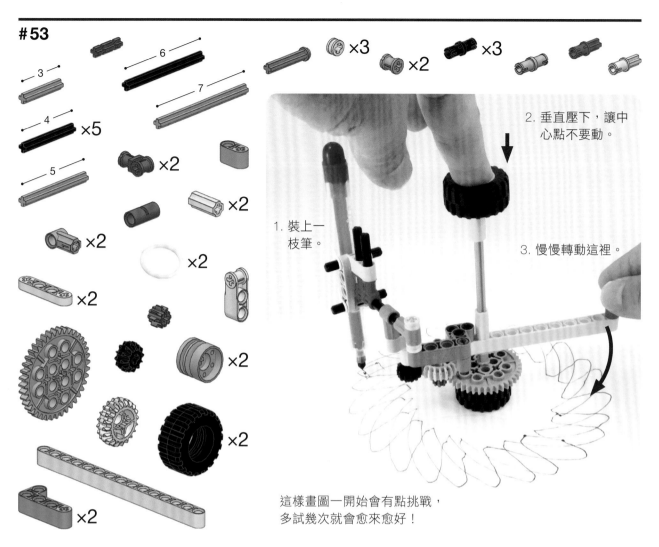

3

6

7

4 ×5

5

×2

×2

×2

×3

×2

×3

×2

×2

×2

×2

×2

×2

1. 裝上一
枝筆。

2. 垂直壓下，讓中
心點不要動。

3. 慢慢轉動這裡。

這樣畫圖一開始會有點挑戰，
多試幾次就會愈來愈好！

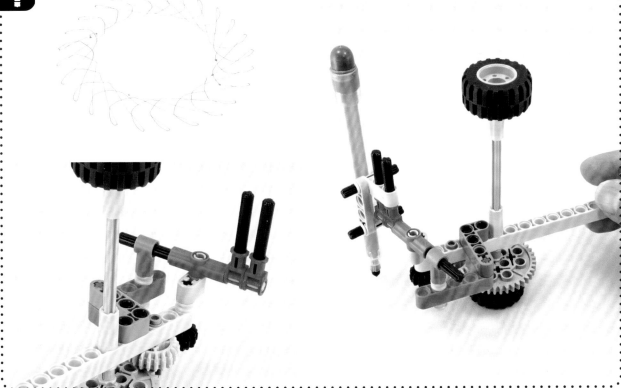

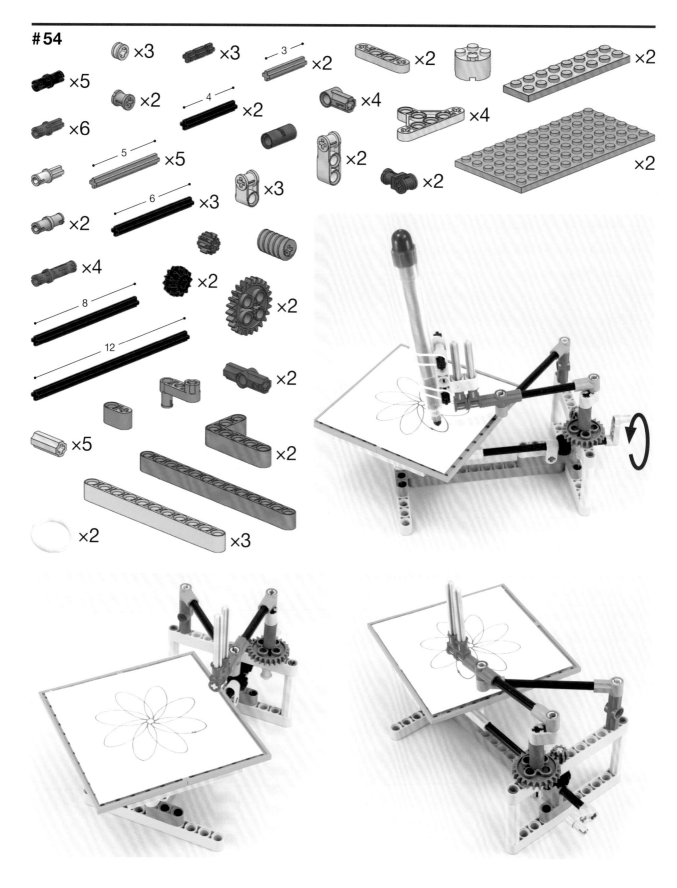

#54

×3 ×3 ×2 ×2 ×2

×5 ×2 ×2 ×4 ×4

×6

×5 ×2 ×2

×2 ×3 ×3

×4 ×2

×2

×2

×5 ×2

×2 ×3

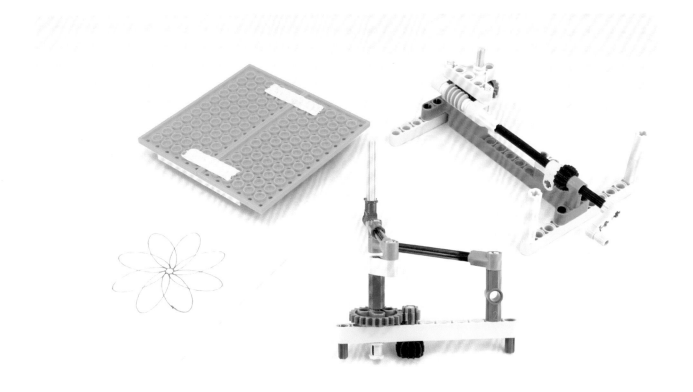

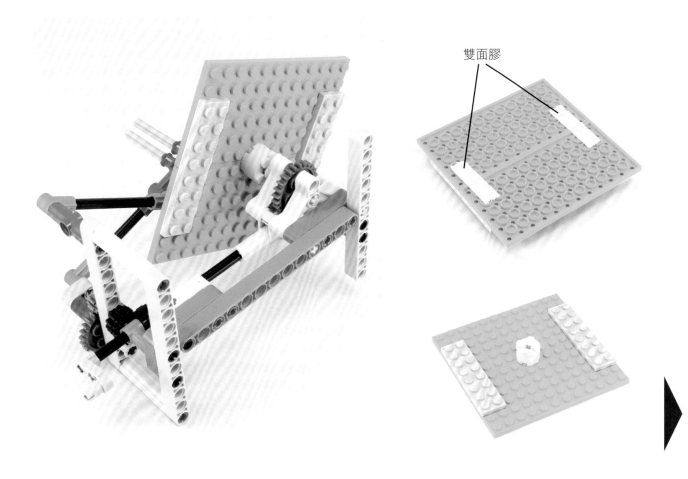

雙面膠

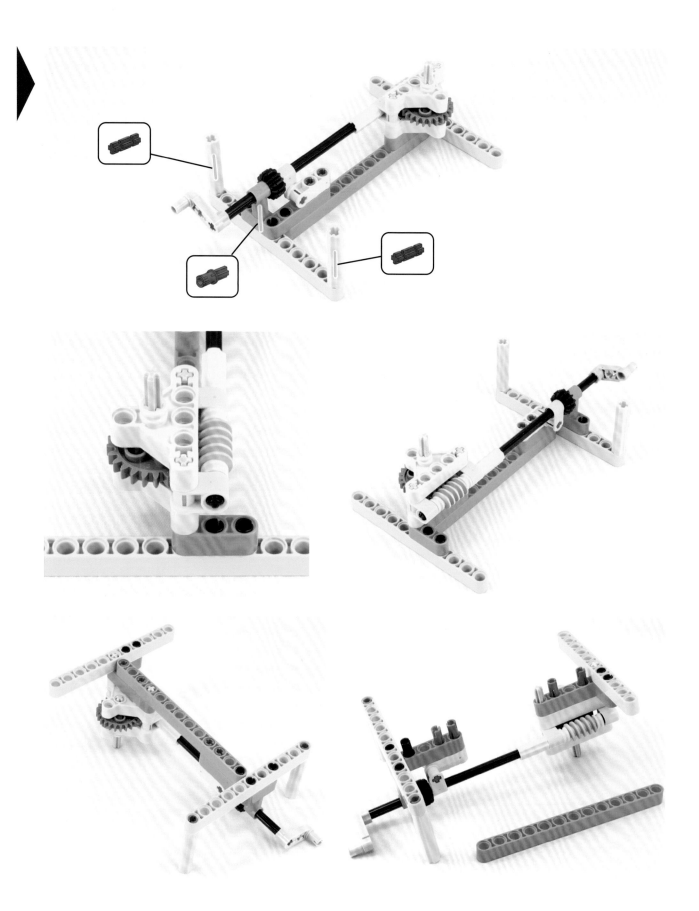

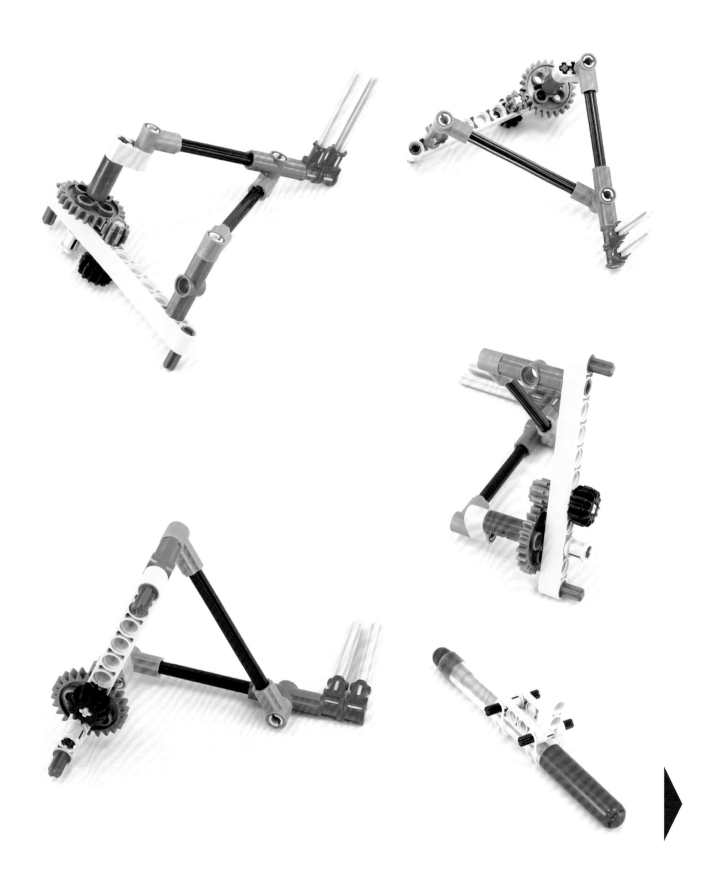

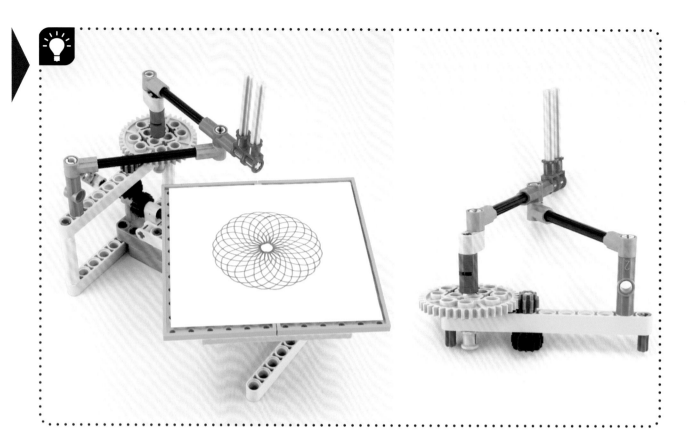

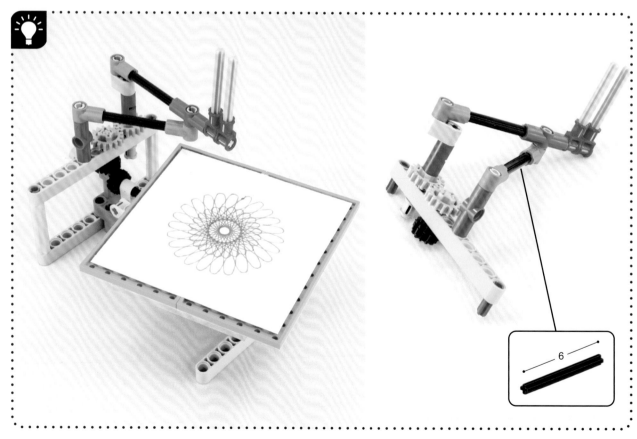

6

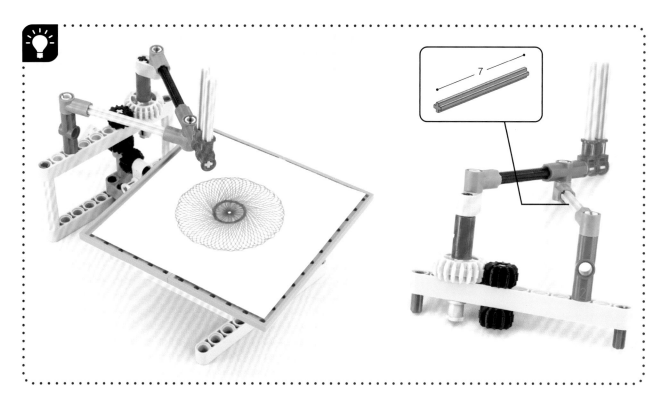

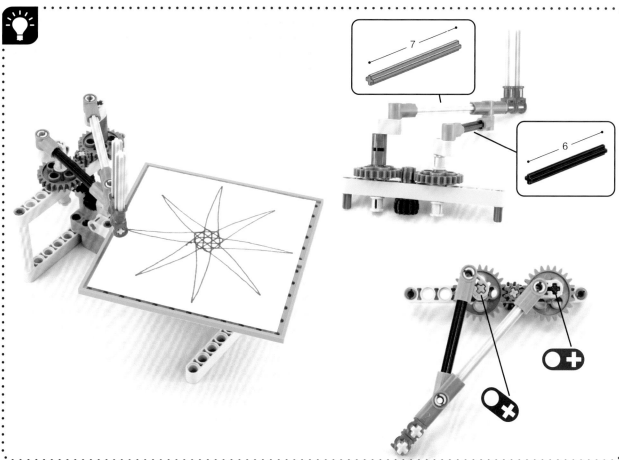

第 2 篇
測量用途的裝置

測量重量

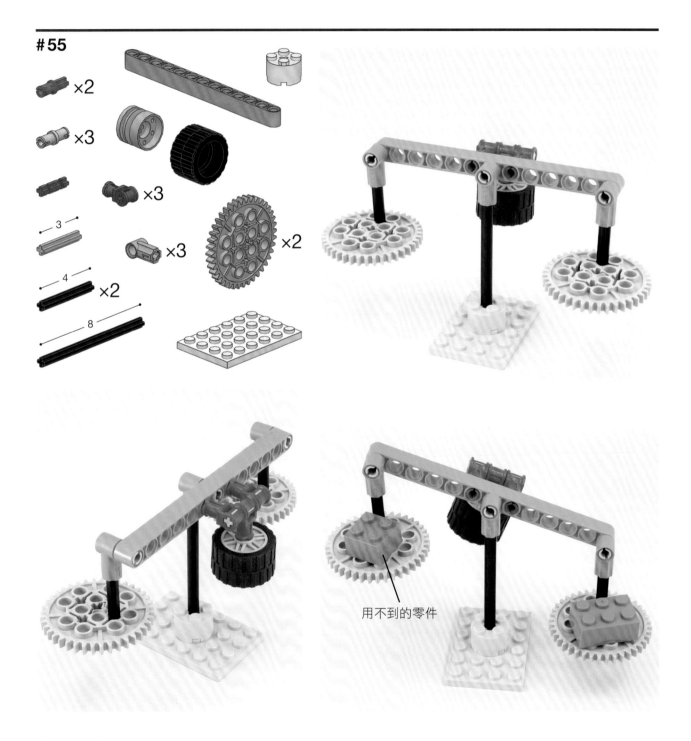

55

×2

×3

×3

3

4 ×2

8

×3

×2

用不到的零件

#56

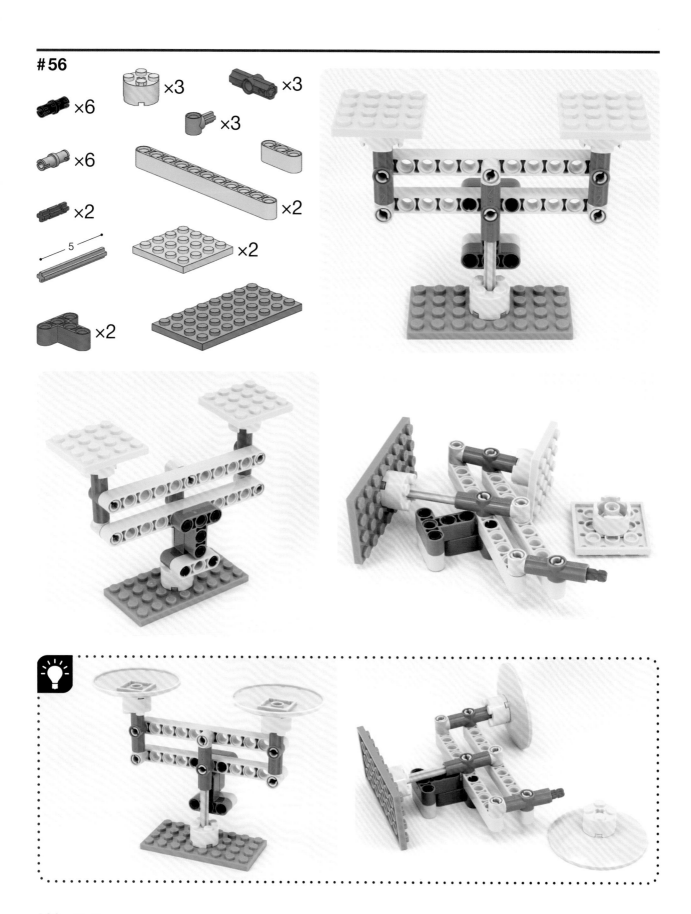

#57

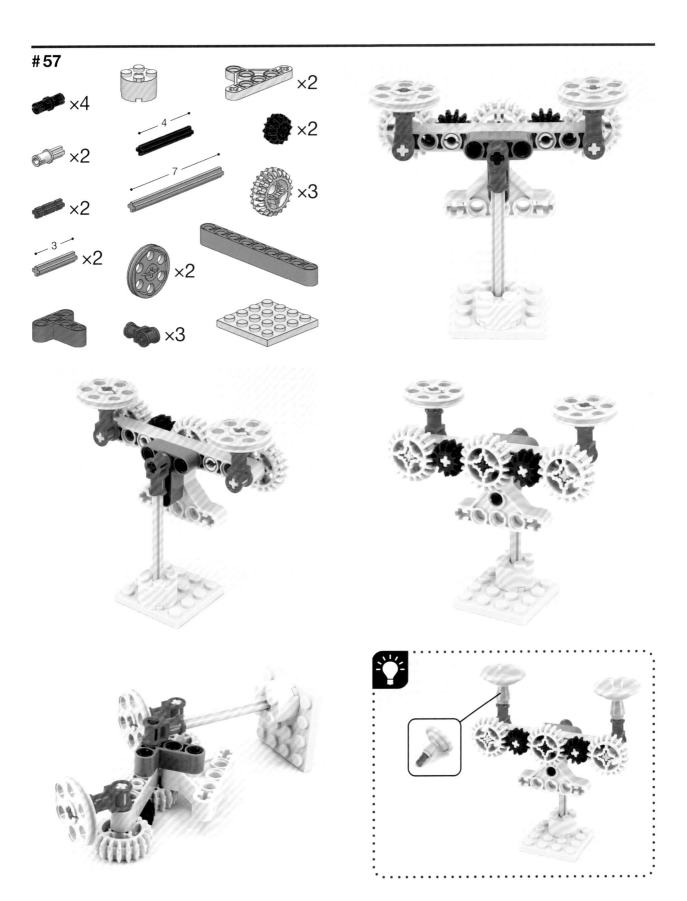

#58

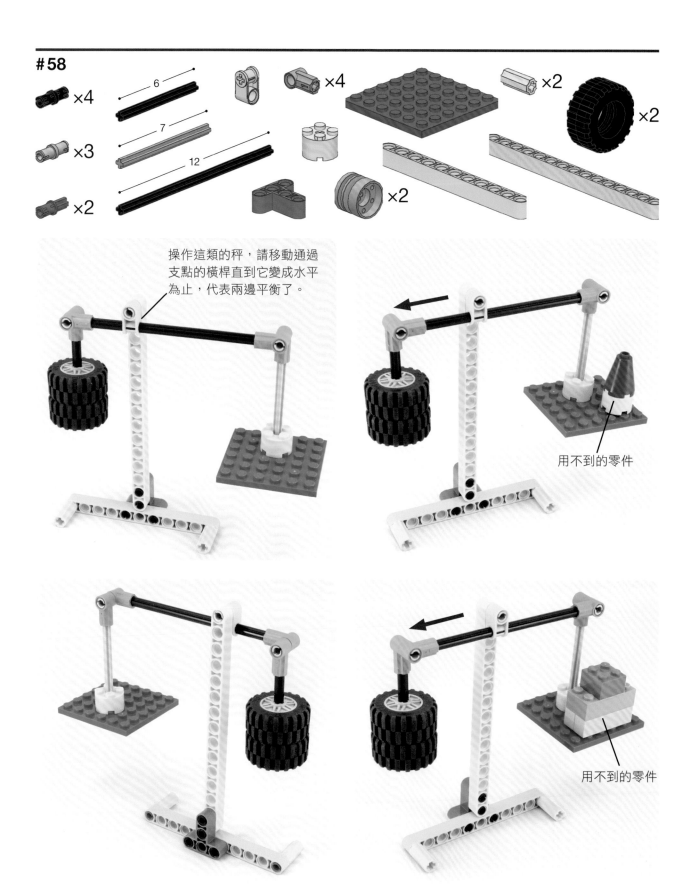

×4   6   ×4   ×2   ×2

×3   7

×2   12   ×2

操作這類的秤,請移動通過
支點的橫桿直到它變成水平
為止,代表兩邊平衡了。

用不到的零件

用不到的零件

#59

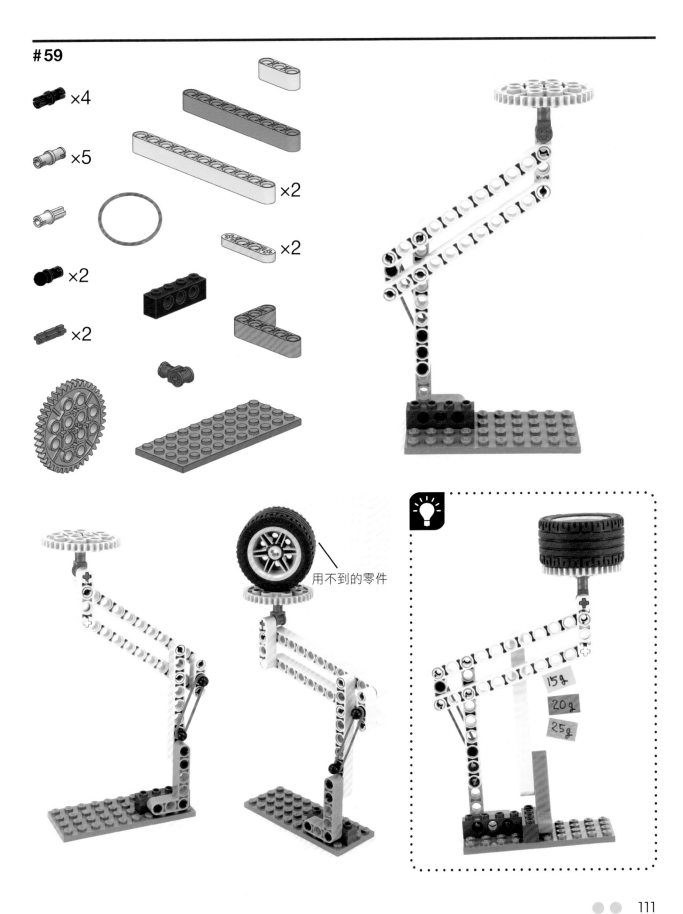

×4

×5

×2

×2

×2

用不到的零件

15g

20g

25g

#60

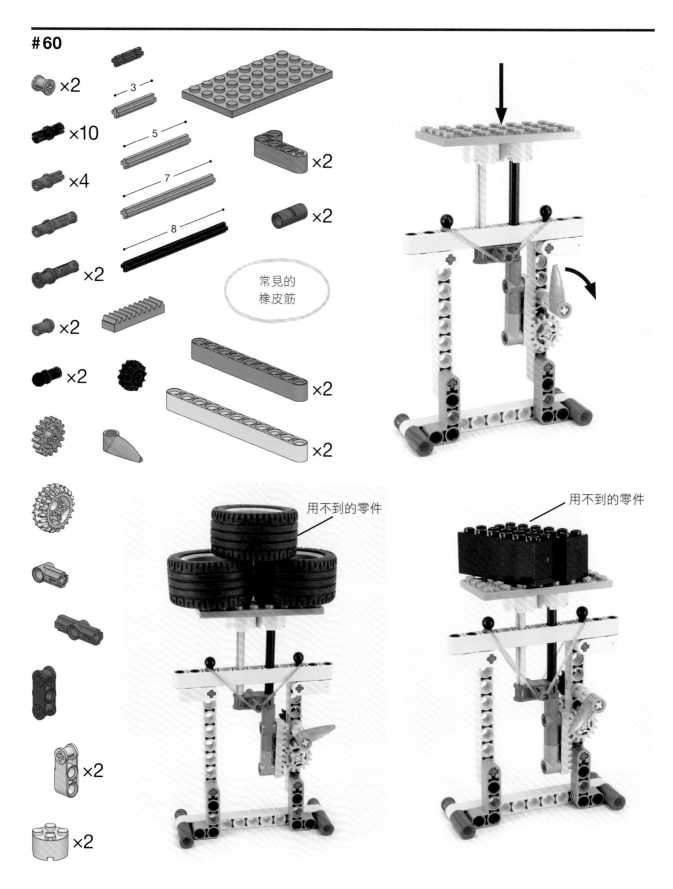

×2

×10

×4

×2

×2

×2

3

5

7

8

×2

×2

常見的
橡皮筋

×2

×2

用不到的零件

用不到的零件

×2

×2

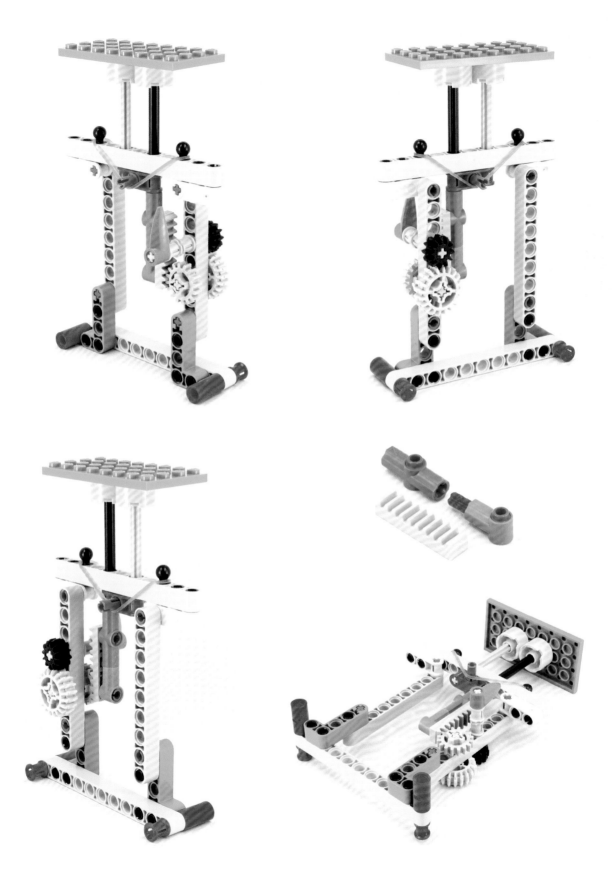

測量長度

#61

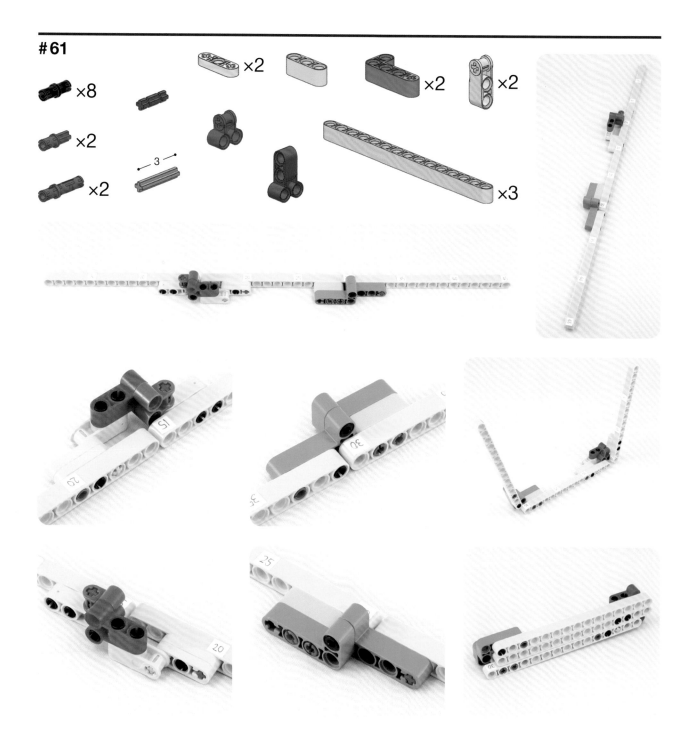

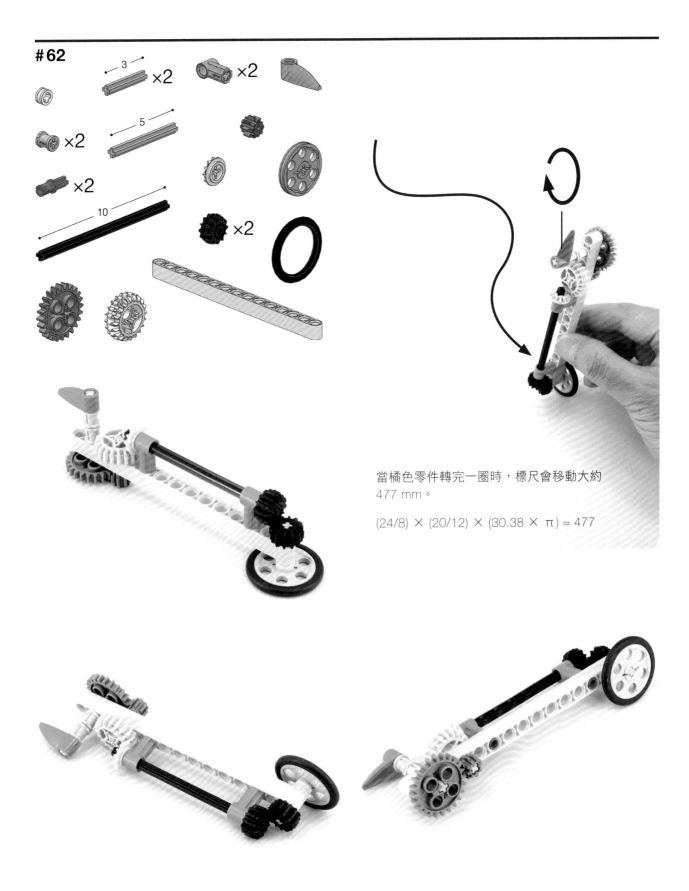

當橘色零件轉完一圈時，標尺會移動大約
477 mm。

$(24/8) \times (20/12) \times (30.38 \times \pi) \approx 477$

測量角度

×12

×2

←3→ ×2

×2

×2

×2

水平儀的水平使用方法

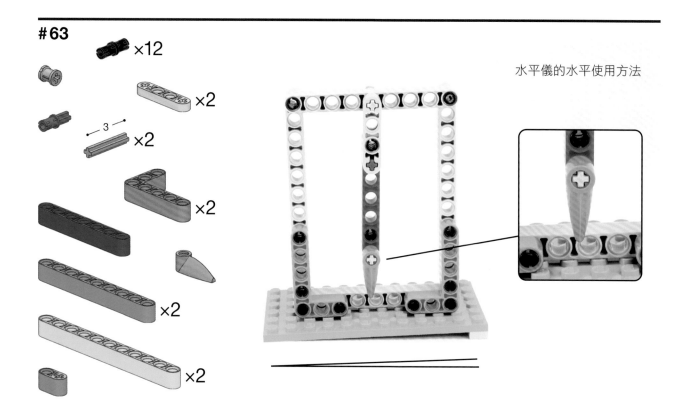

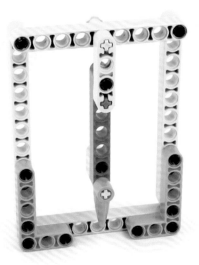

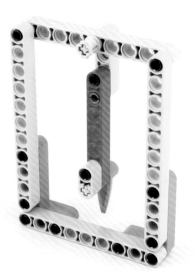

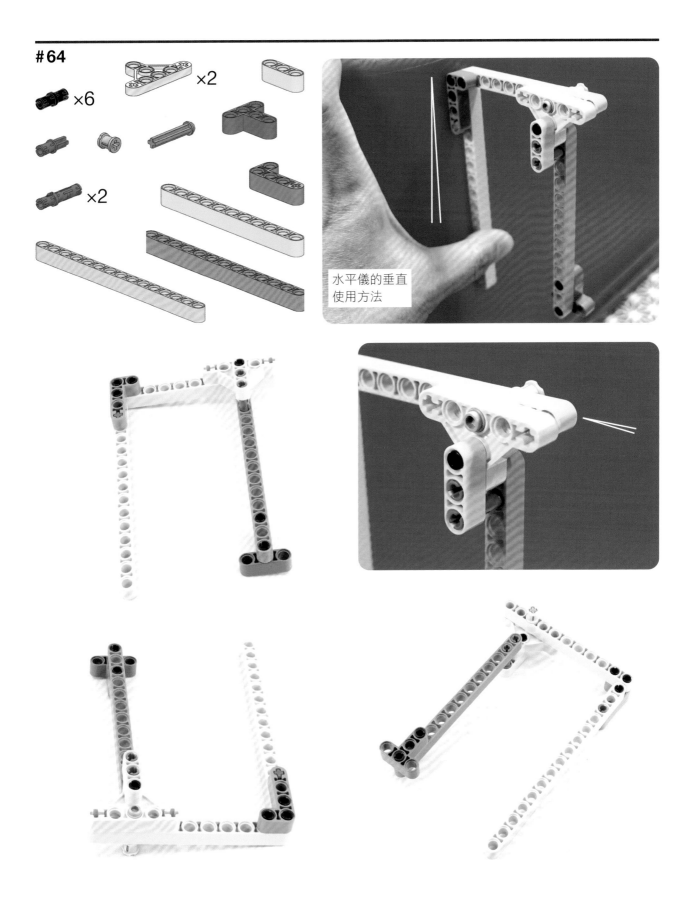

#64

×6

×2

×2

水平儀的垂直
使用方法

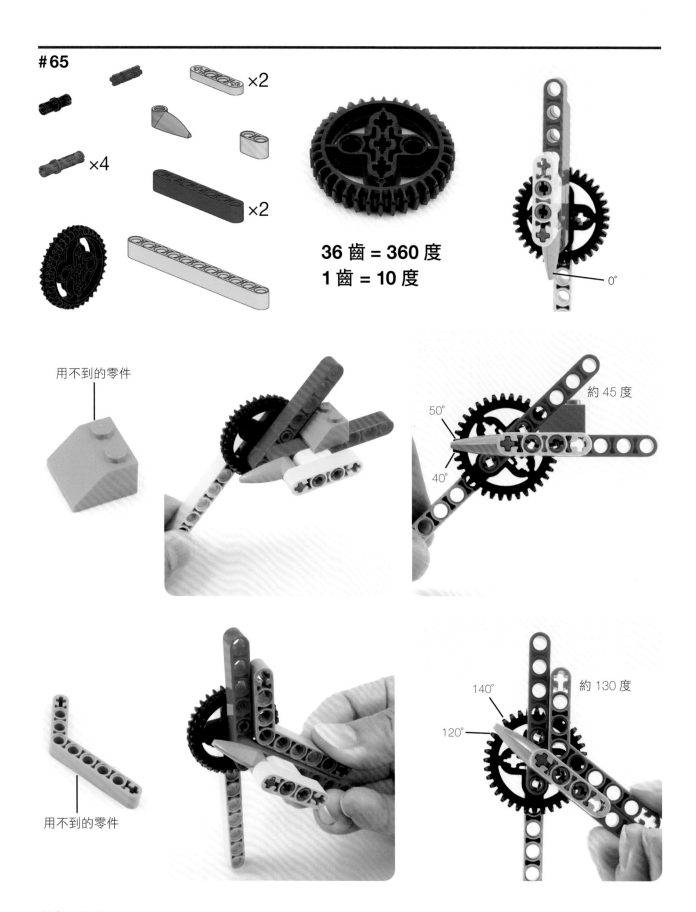

#65

×2

×4

×2

36 齒 = 360 度
1 齒 = 10 度

0°

用不到的零件

約 45 度

50°

40°

用不到的零件

約 130 度

140°

120°

#66

一次轉動 30 度

0°

30°

60°

90°

#67

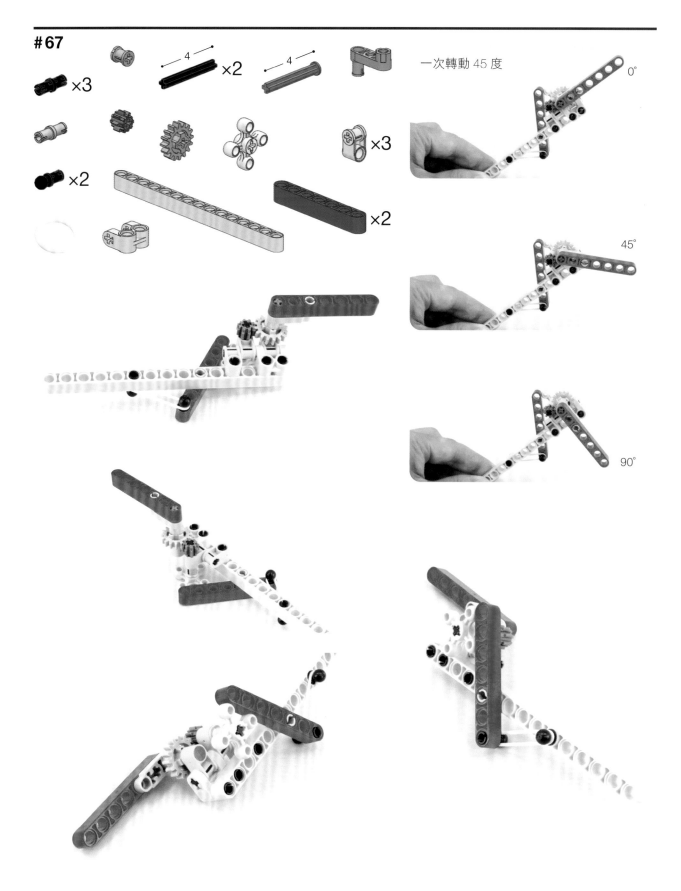

×3

×2

4 ×2

4

一次轉動 45 度

0°

45°

90°

×3

×2

#68

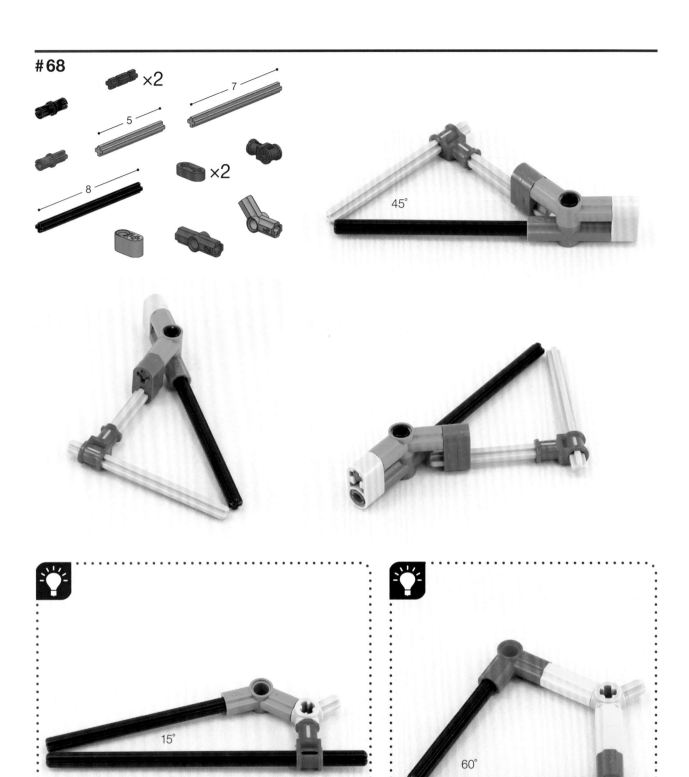

45°

15°

60°

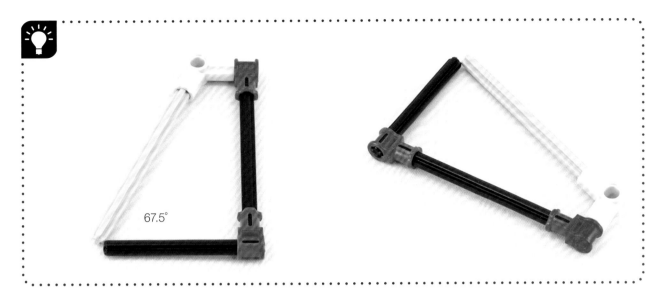

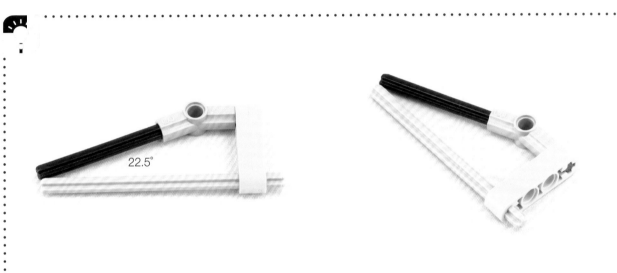

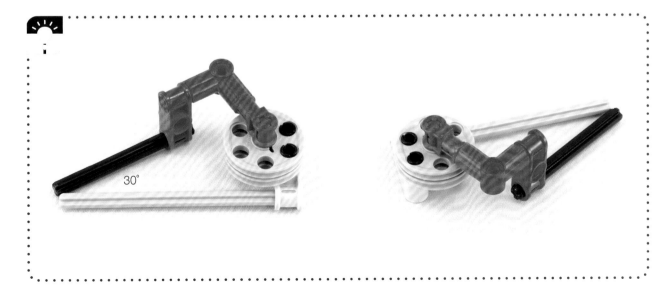

量測氣流

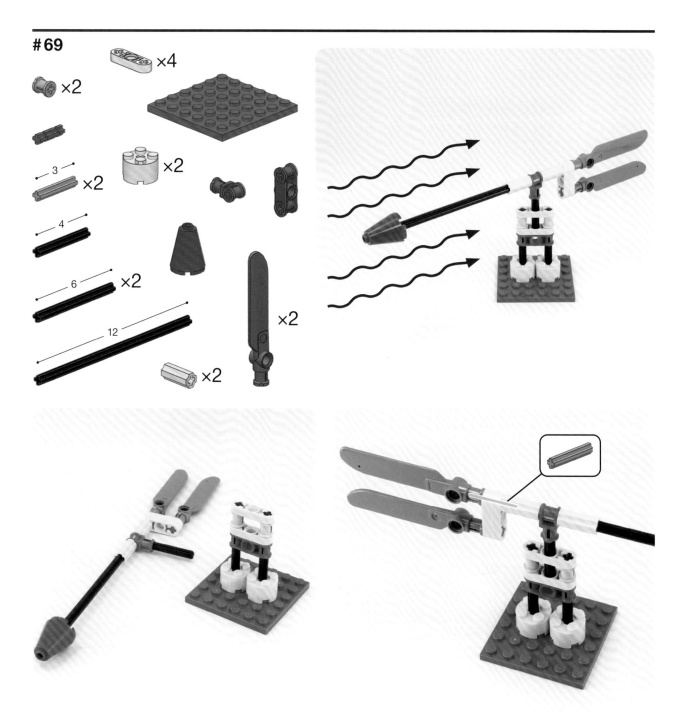

69

#70

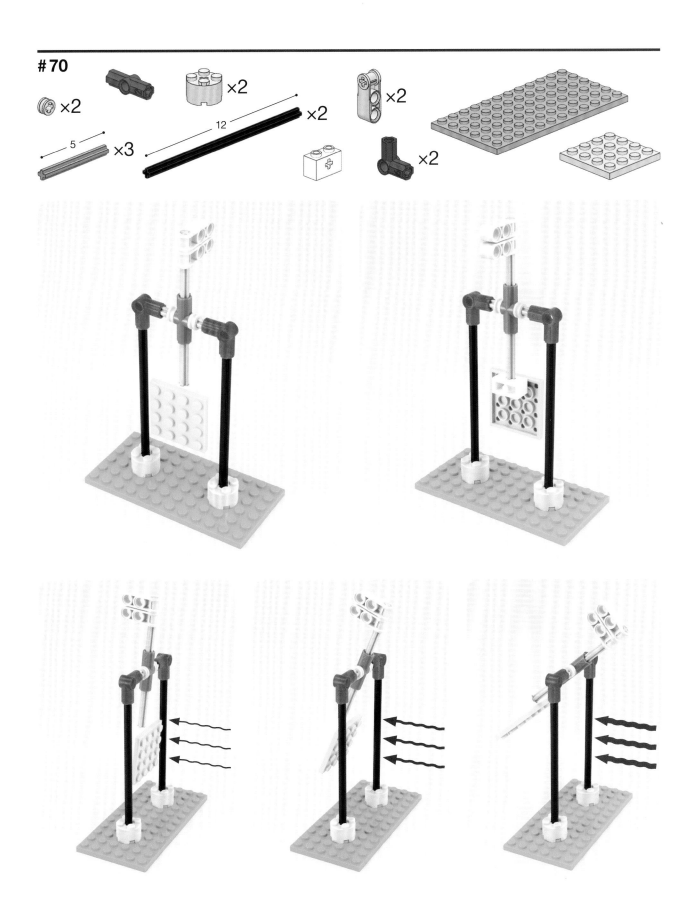

第 3 篇
更多好玩的機構

page 128

page 146

page 168

各種轉動機構

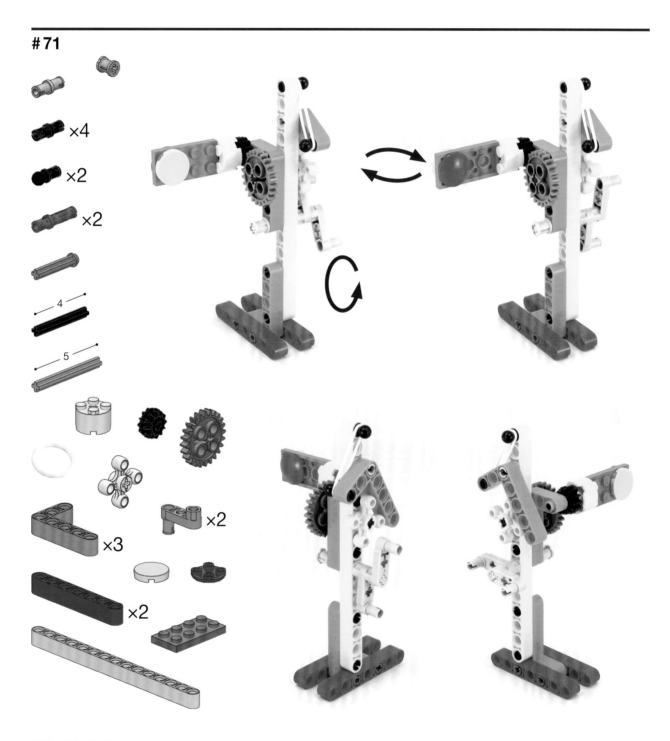

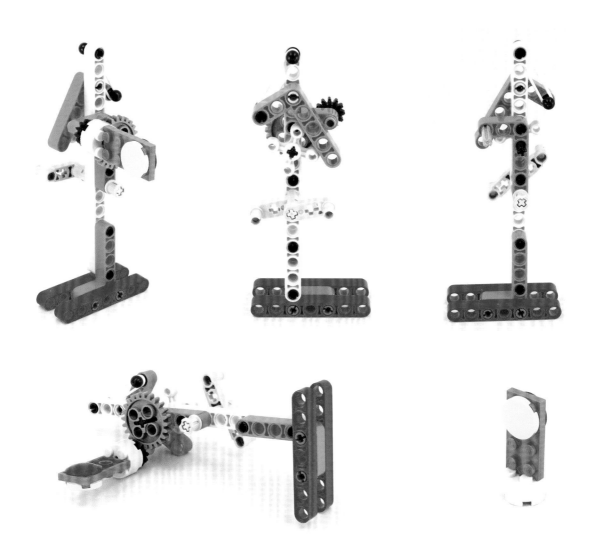

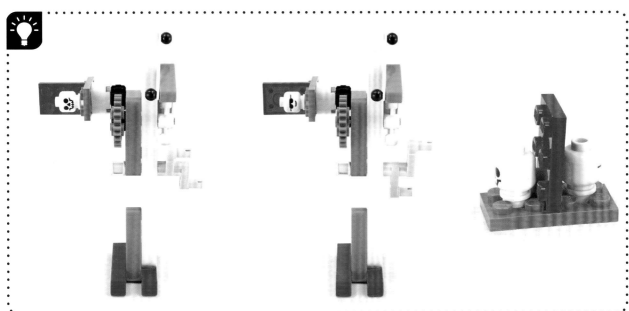

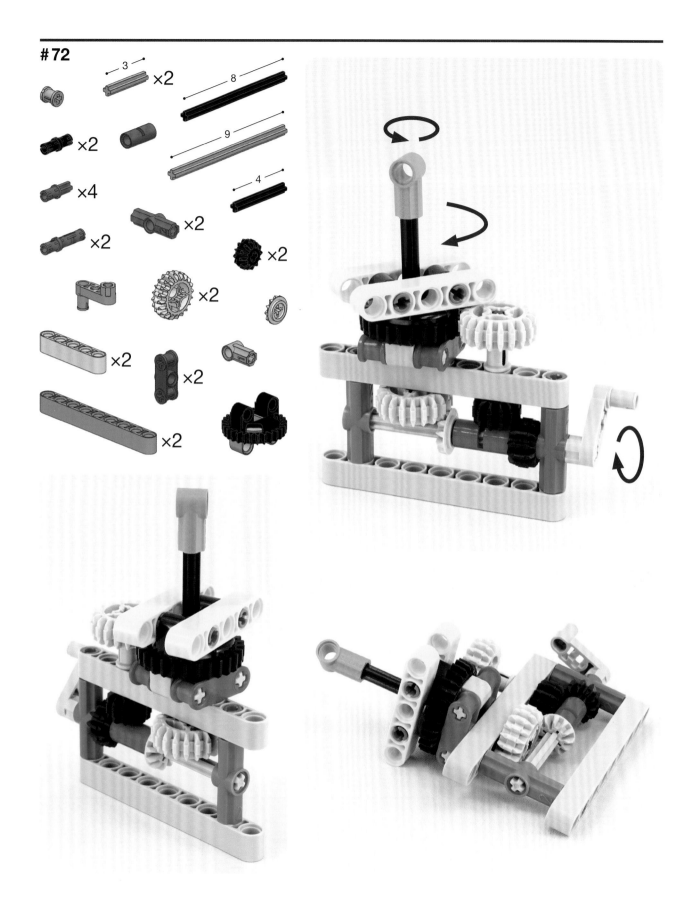

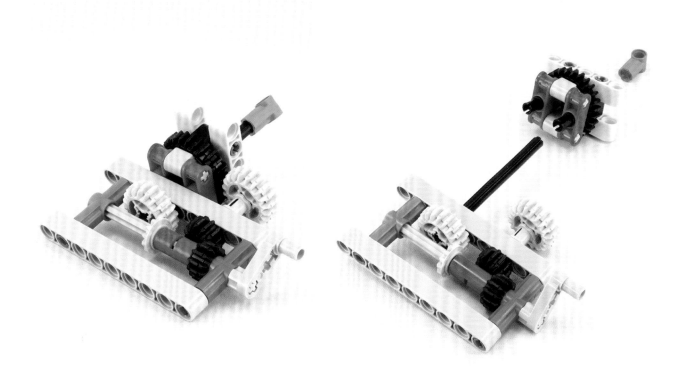

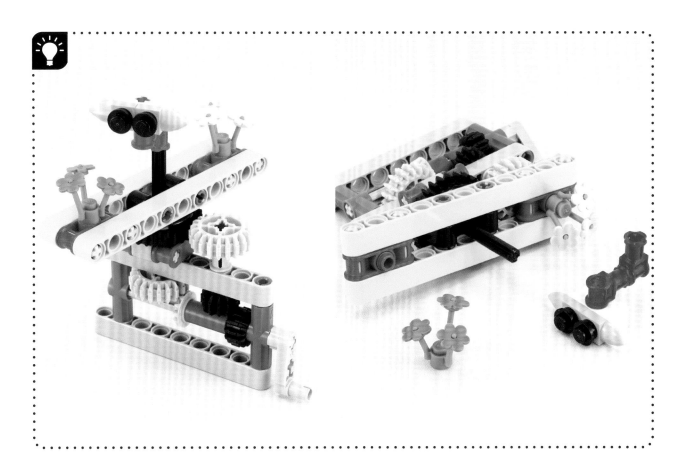

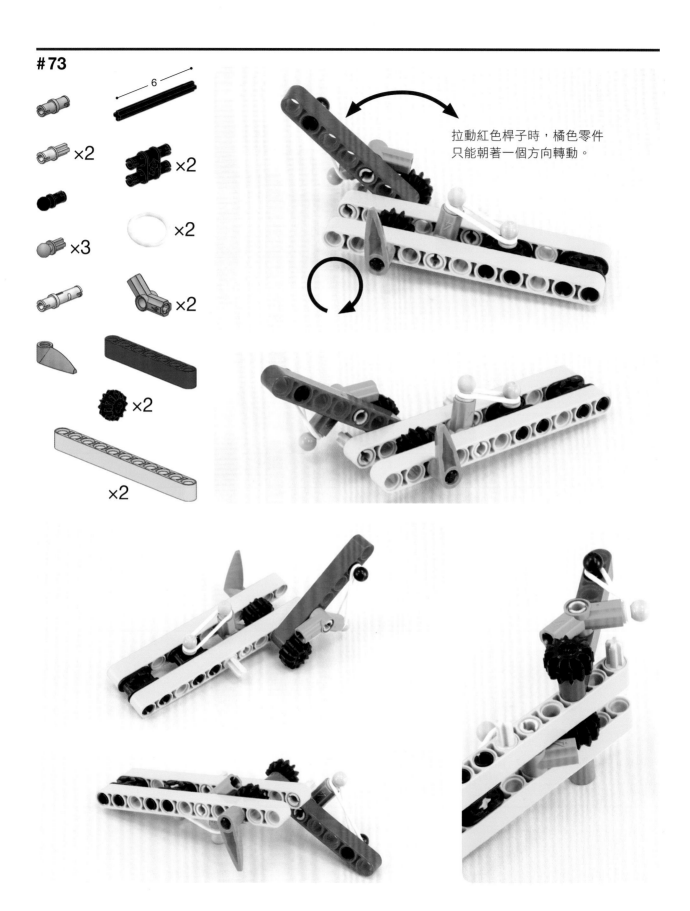

6

×2

×2

×2

×3

×2

×2

×2

拉動紅色桿子時，橘色零件
只能朝著一個方向轉動。

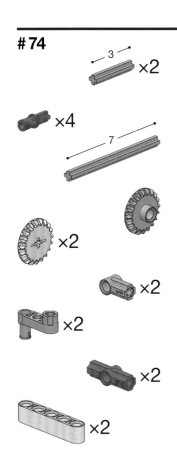

這個機構可以控制兩個彼此正交（垂直）的軸。"A"把手用來帶動 "A" 橘色零件，而且不會影響到 "B" 零件。同樣地，"B" 把手用來帶動 "B" 橘色零件，同時也不會影響到 "A" 零件。

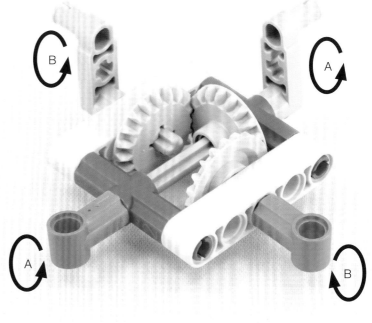

#75

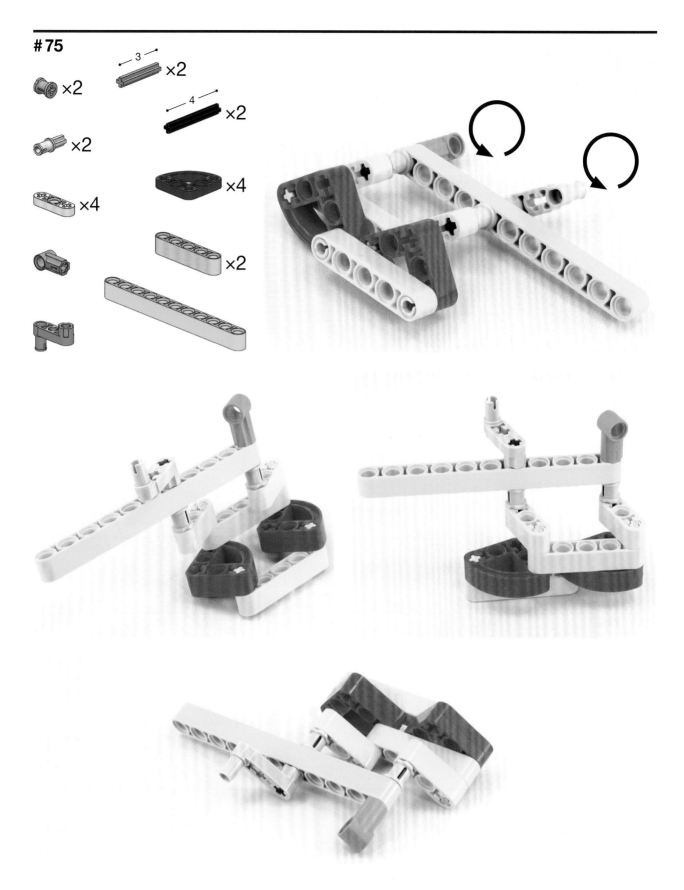

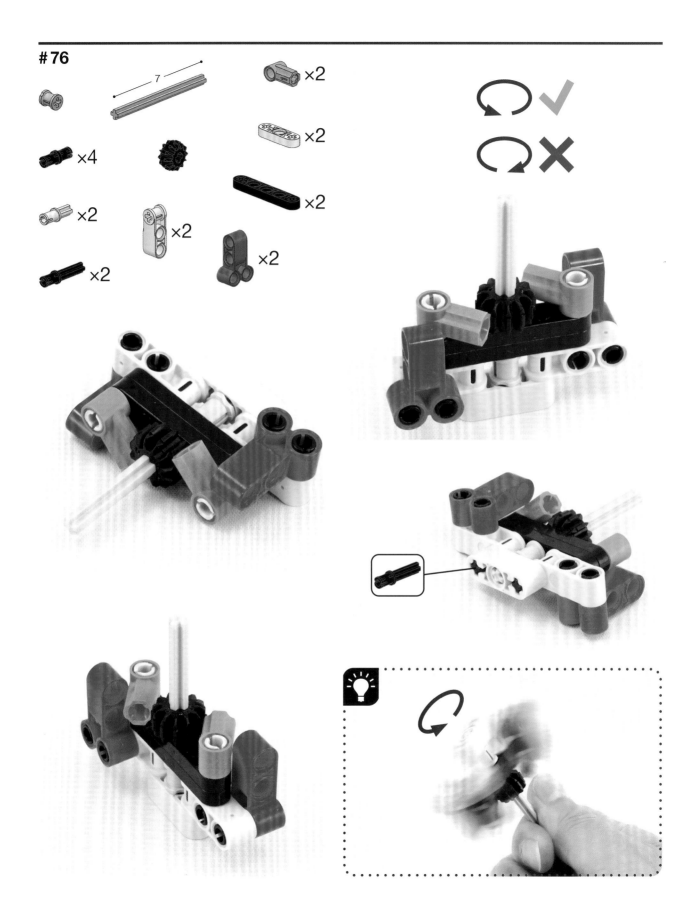

#77

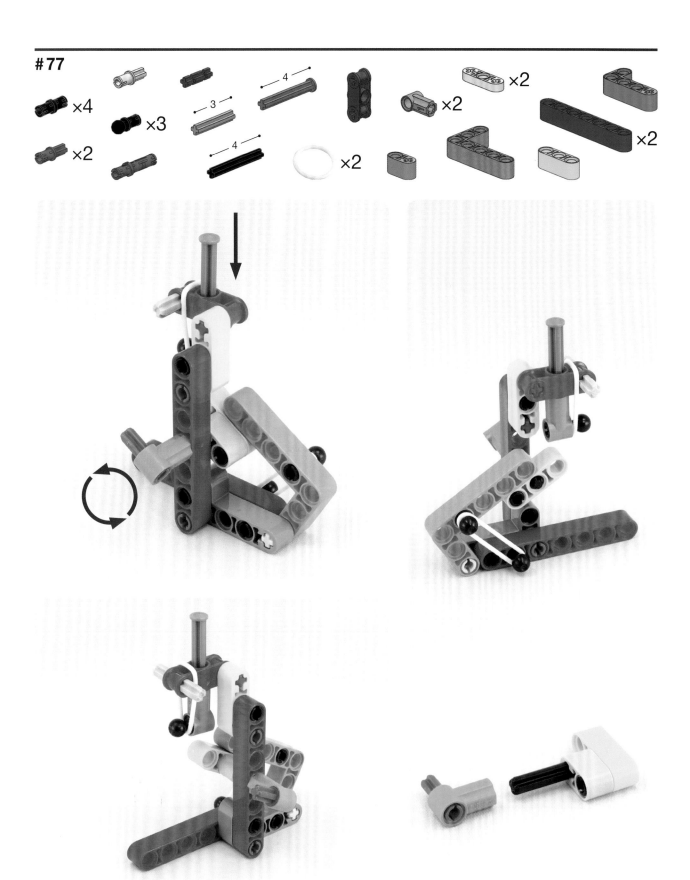

#78

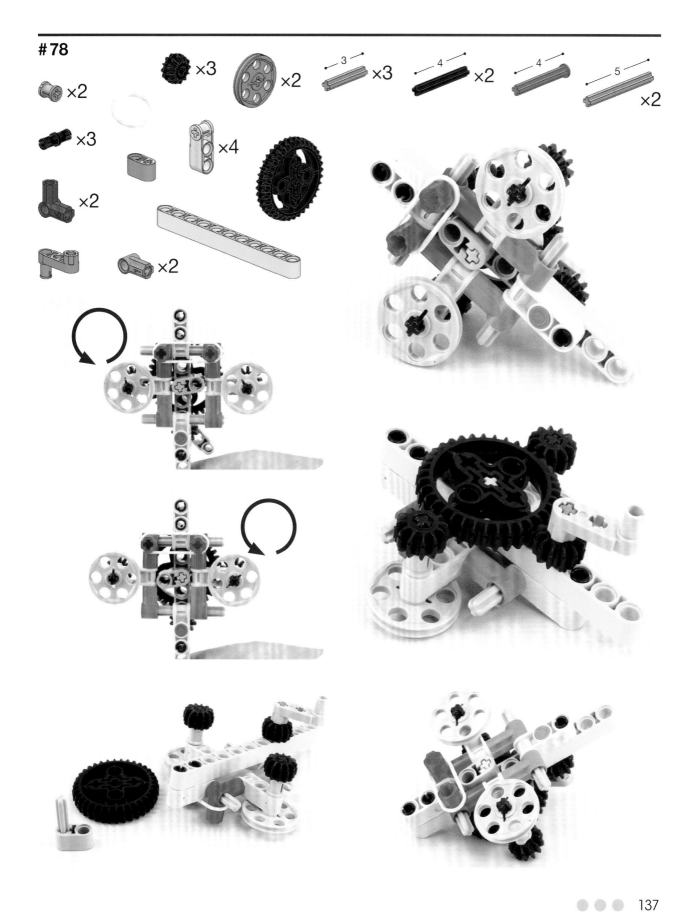

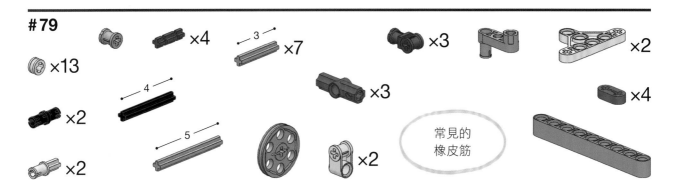

#79

常見的
橡皮筋

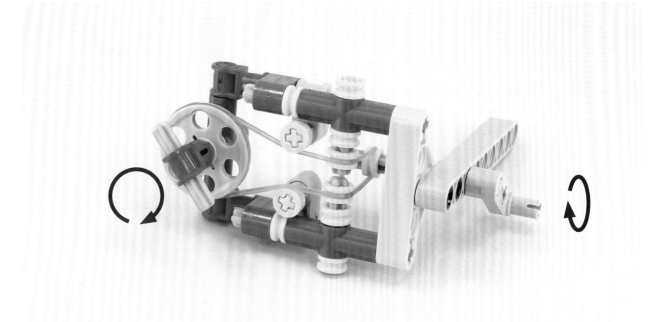

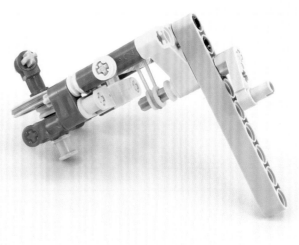

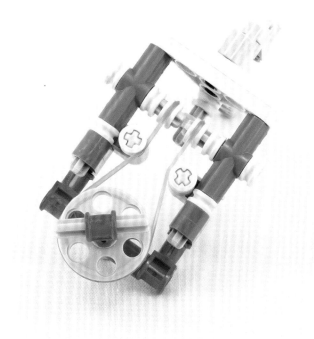

#80

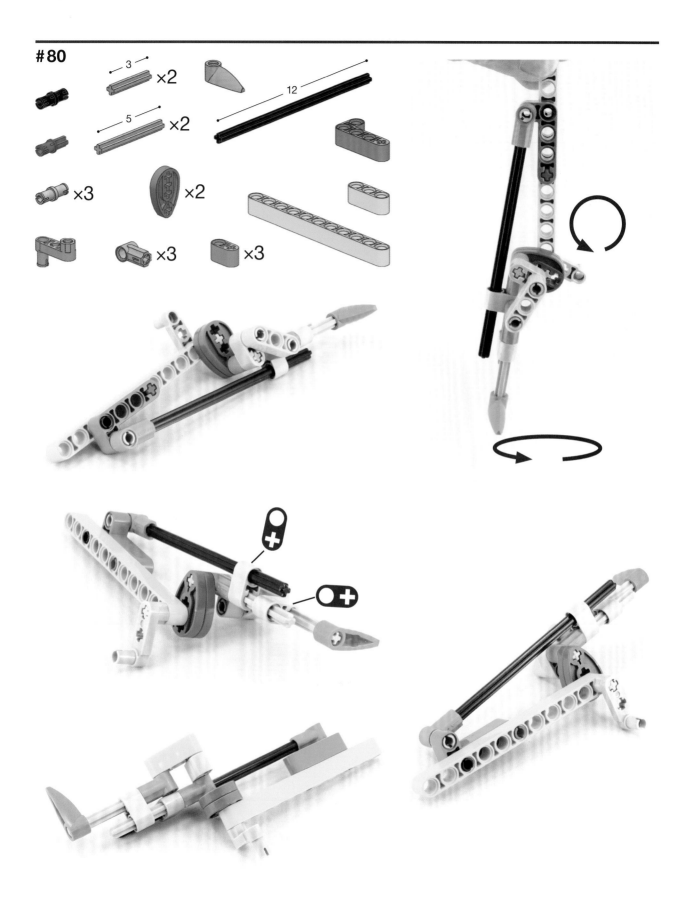

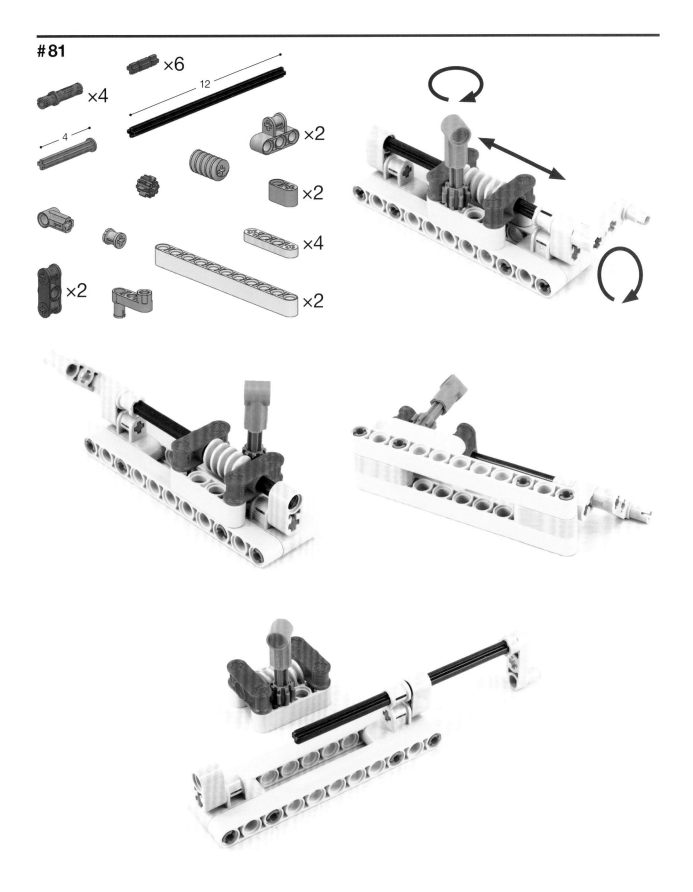

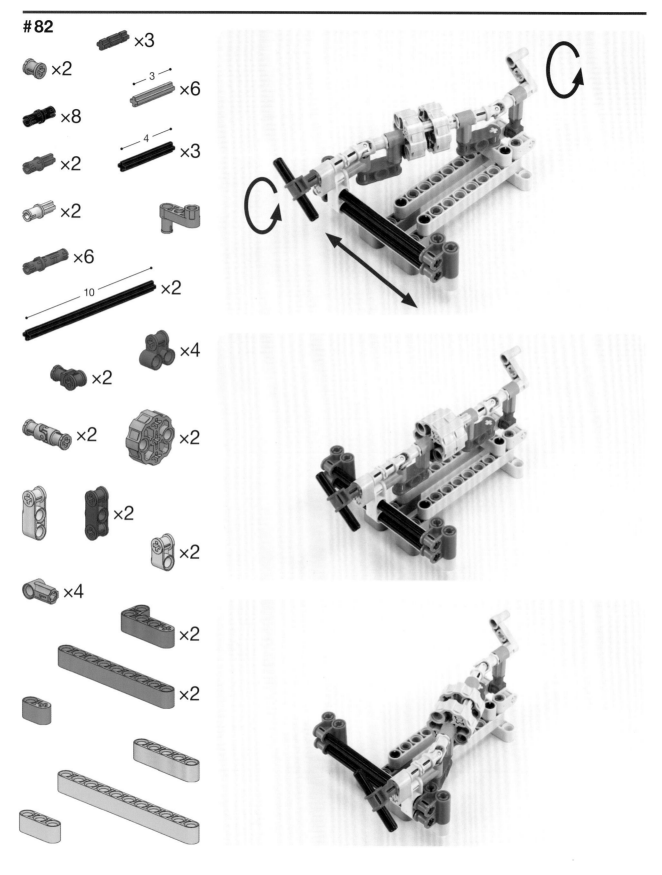

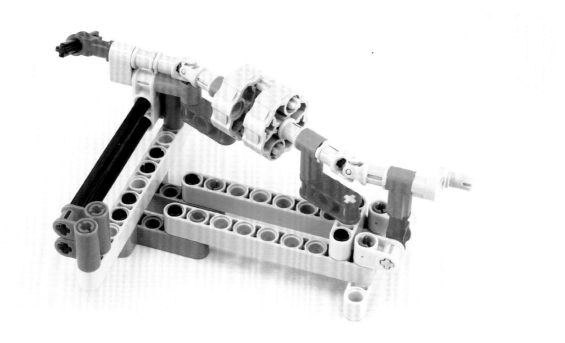

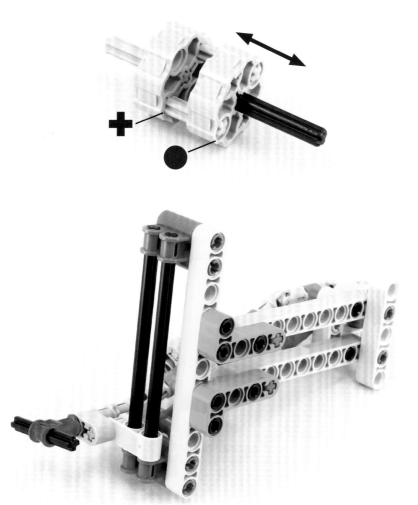

#83

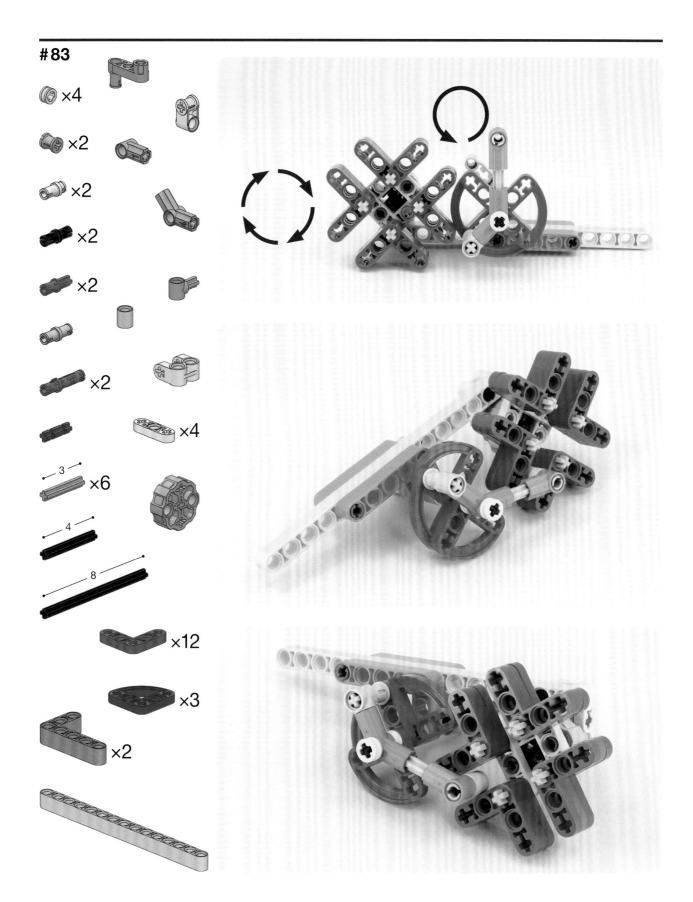

×4

×2

×2

×2

×2

×2

×4

3
×6

4

8

×12

×3

×2

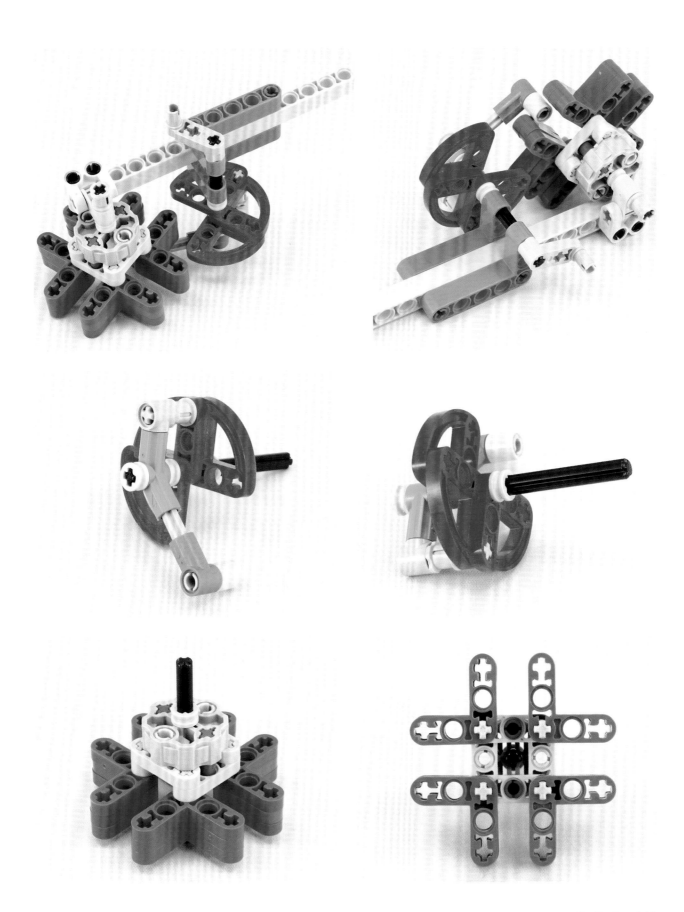

趣味小遊戲

#84

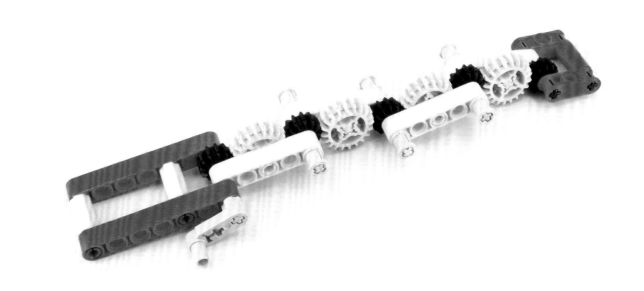

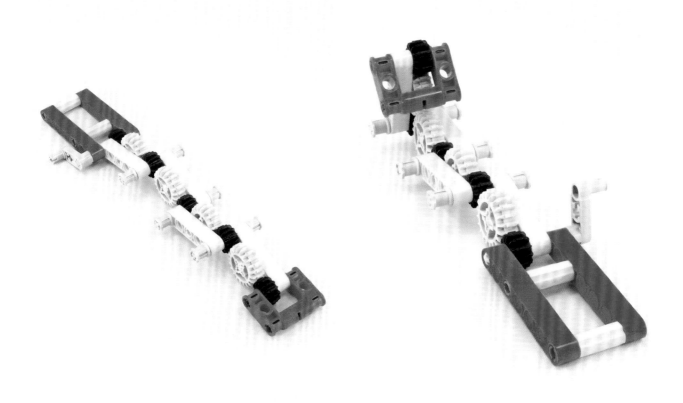

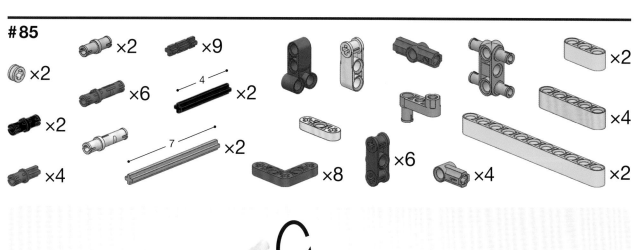

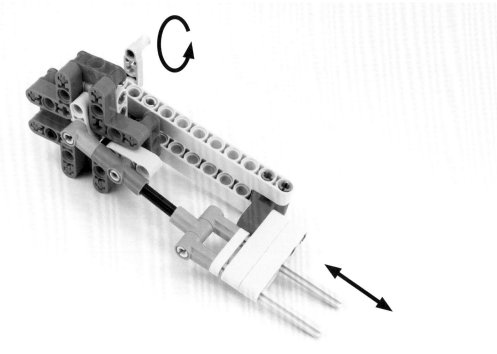

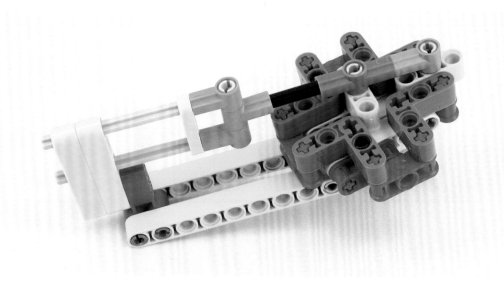

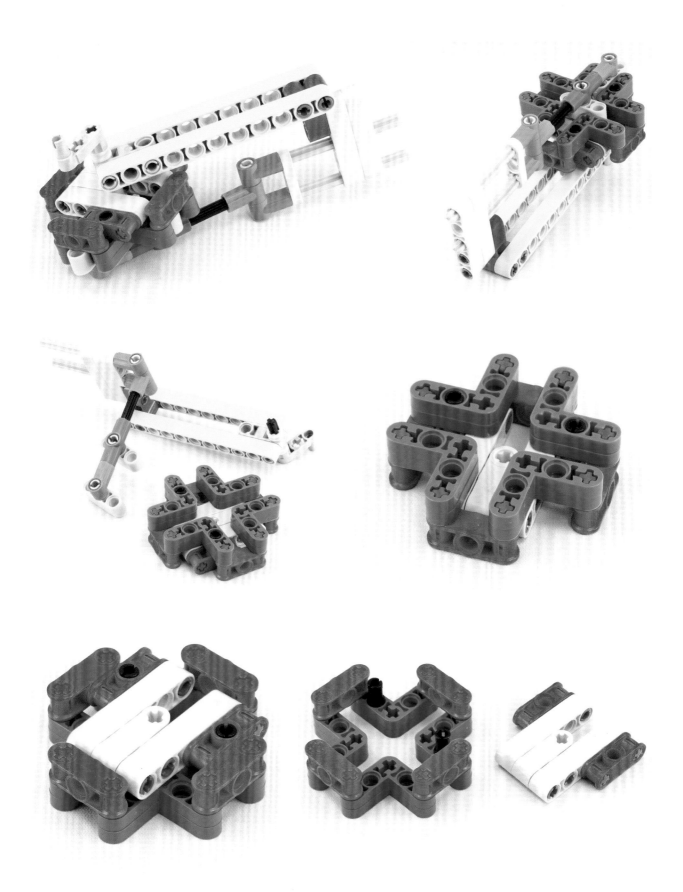

85

#86

×4

×20

×2

4

×3

×2

×2

×2

×2

×2

×2

×2

×3

×4

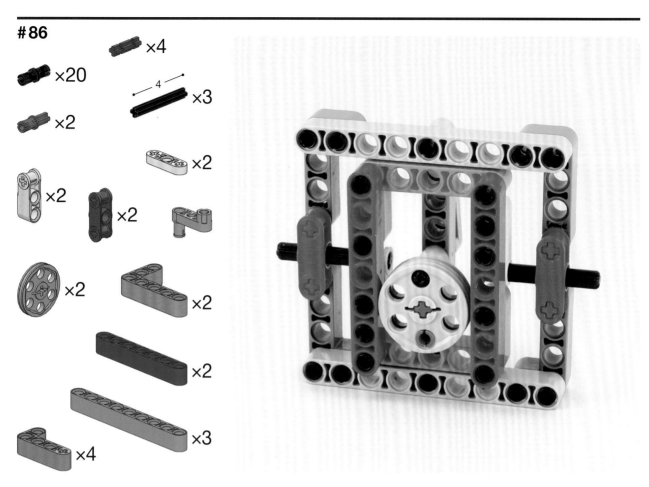

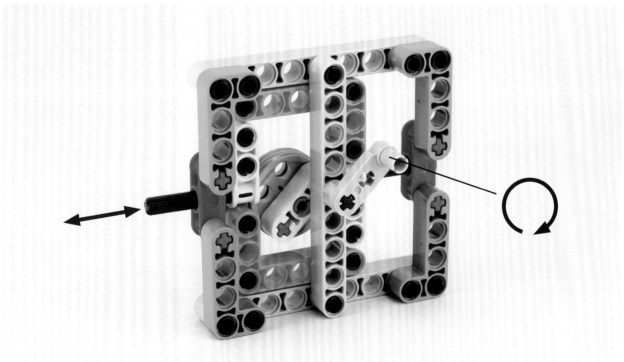

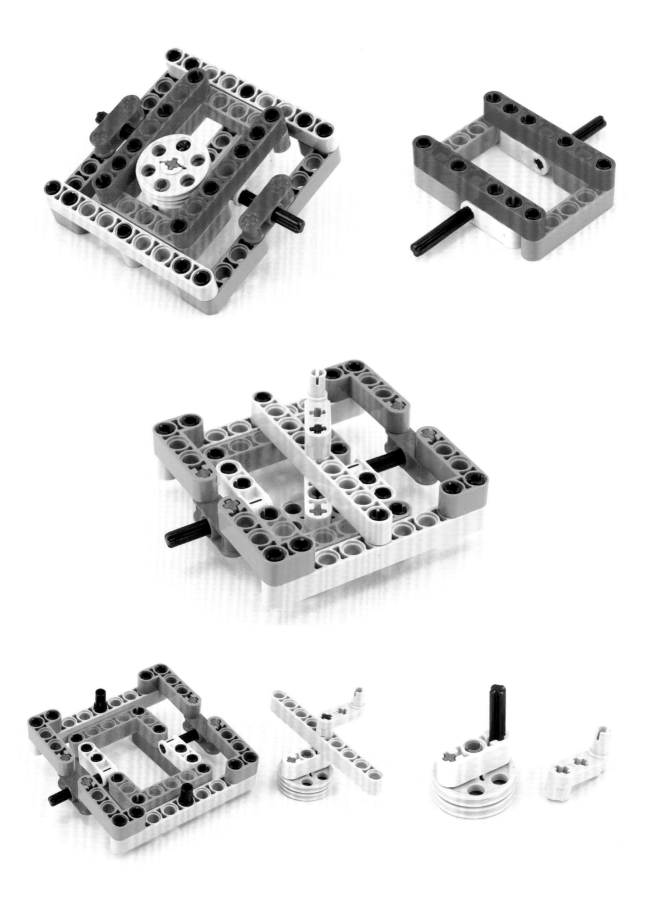

#87

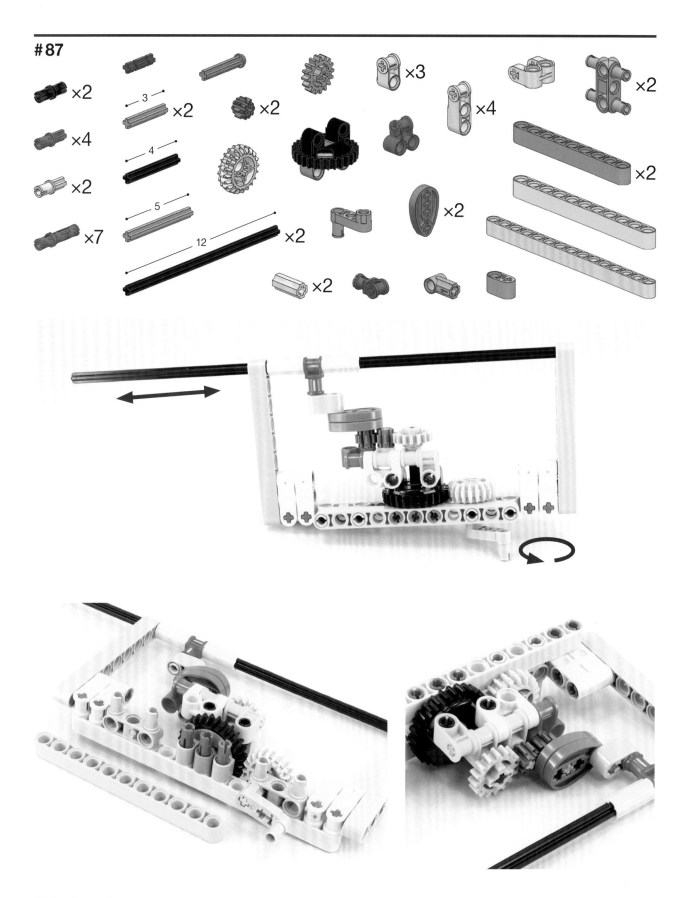

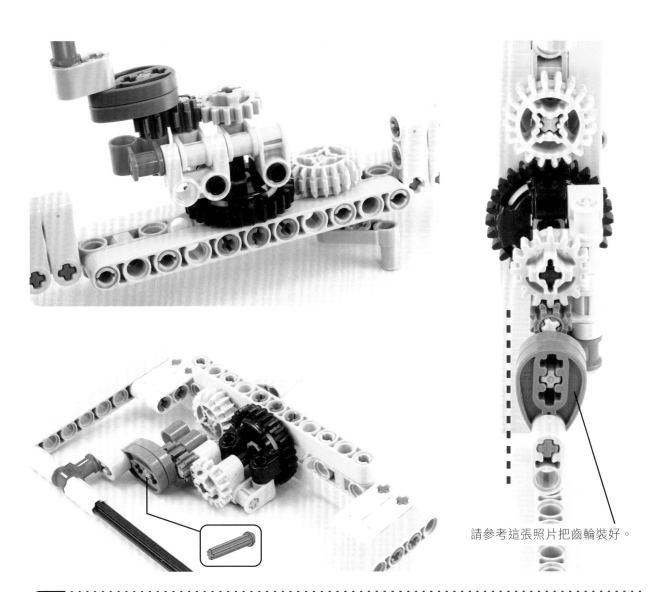

請參考這張照片把齒輪裝好。

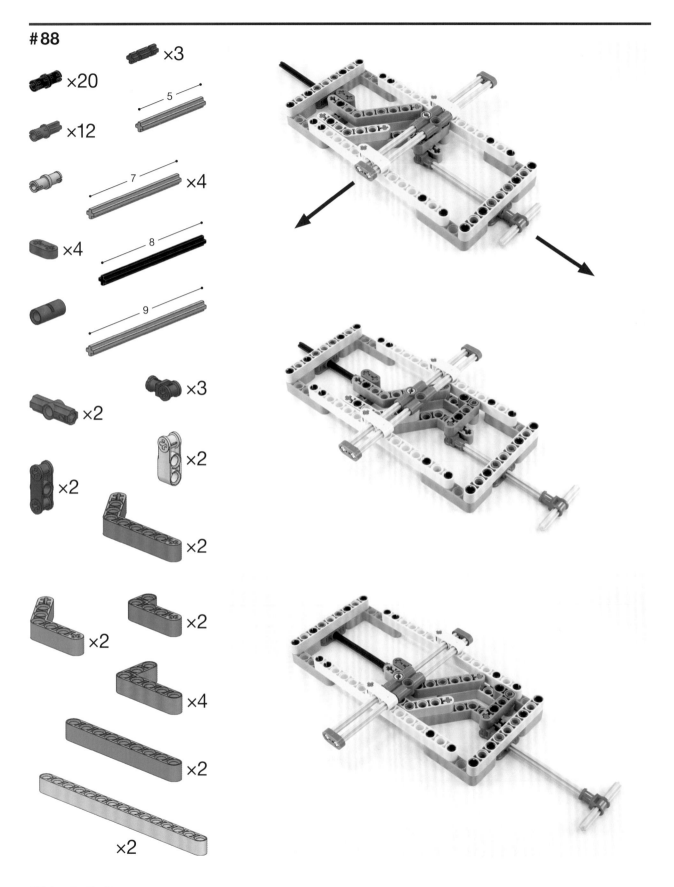

88

×3

×20

5

×12

7 ×4

×4

8

9

×3

×2

×2

×2

×2

×2

×2

×2

×4

×2

×2

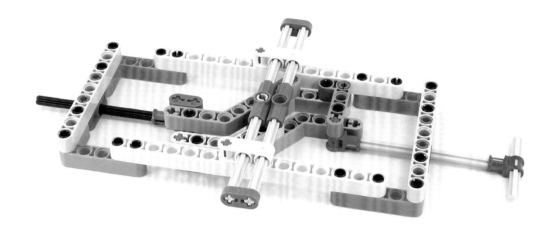

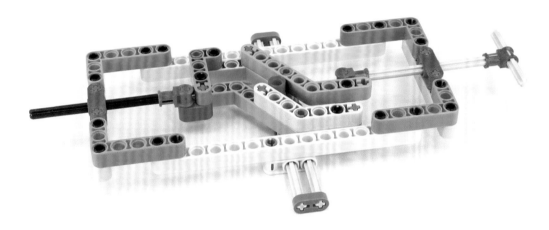

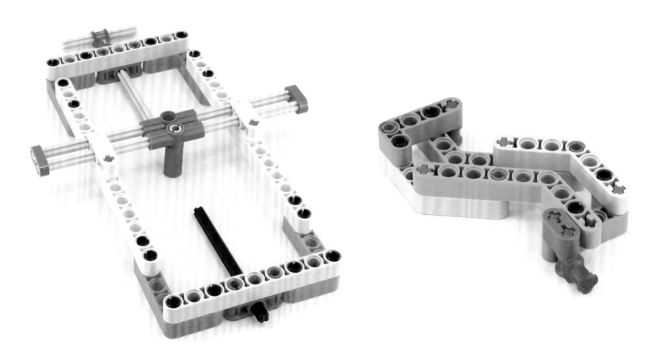

#89

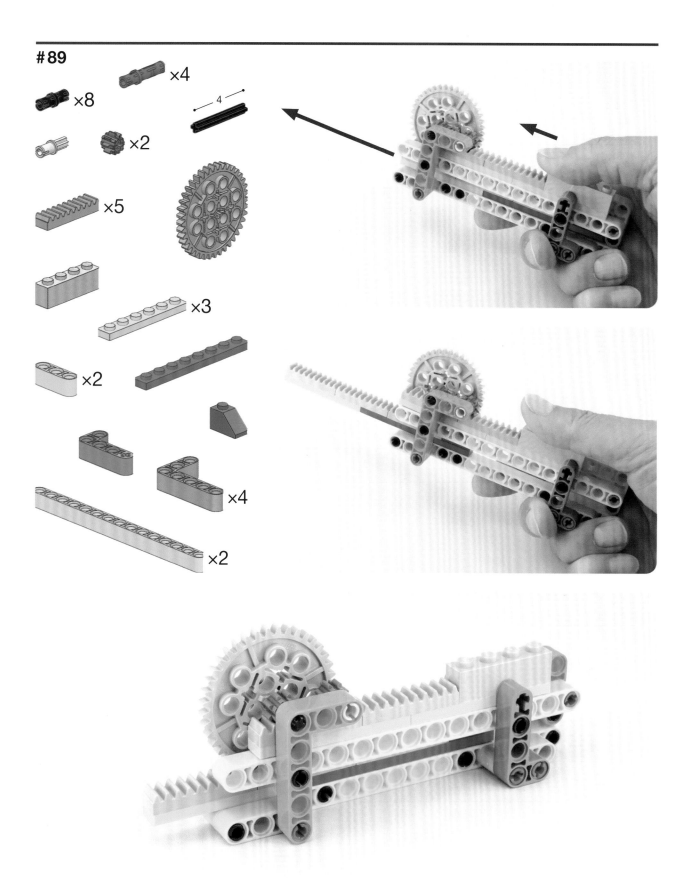

×4
×8
×2
×5
×3
×2
×2
×4
×2

4

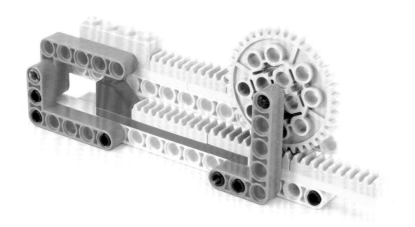

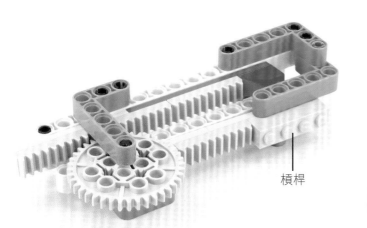

槓桿

請參考這張照片把齒輪裝好，這樣當你把
桿子向後拉到底時，紅色與粉紅色積木的
末端就會對齊了。

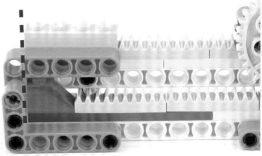

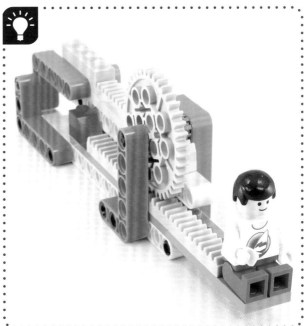

90

×4

×2

×2

×4

5

×4

3

×4

×4

×4

×4

×4

×2

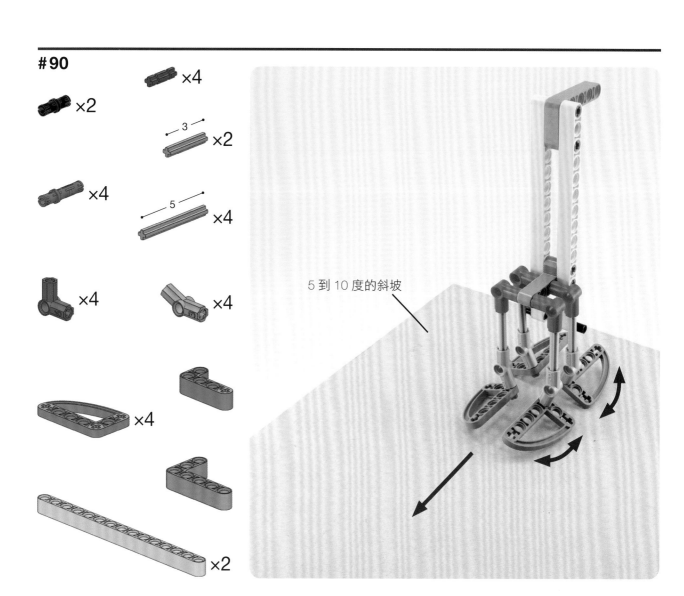

5 到 10 度的斜坡

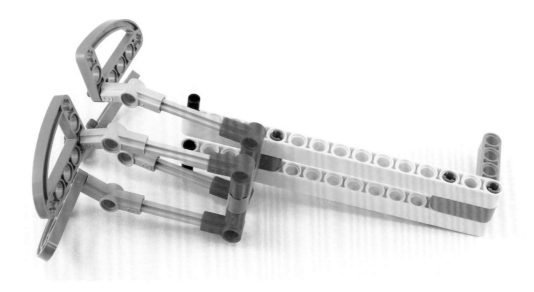

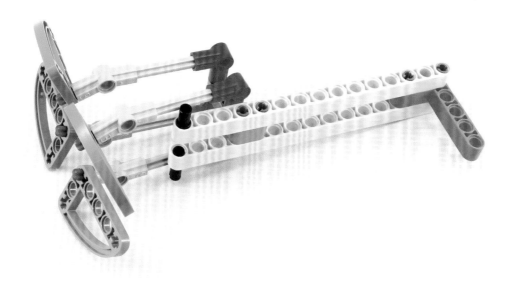

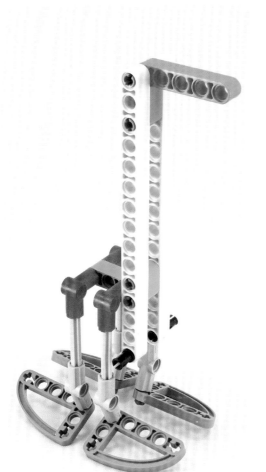

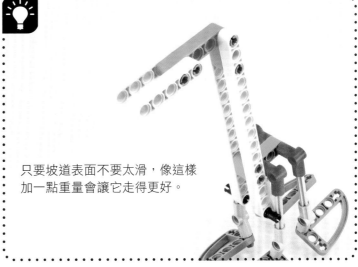

只要坡道表面不要太滑,像這樣
加一點重量會讓它走得更好。

#91

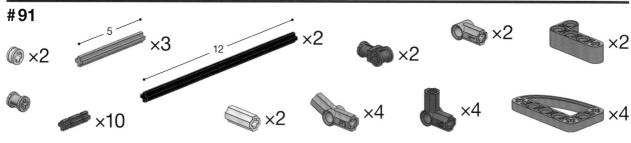

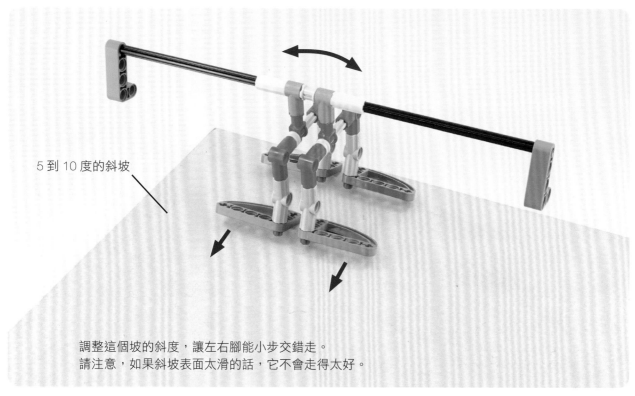

5 到 10 度的斜坡

調整這個坡的斜度,讓左右腳能小步交錯走。
請注意,如果斜坡表面太滑的話,它不會走得太好。

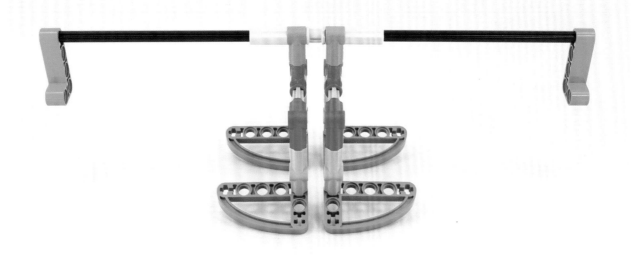

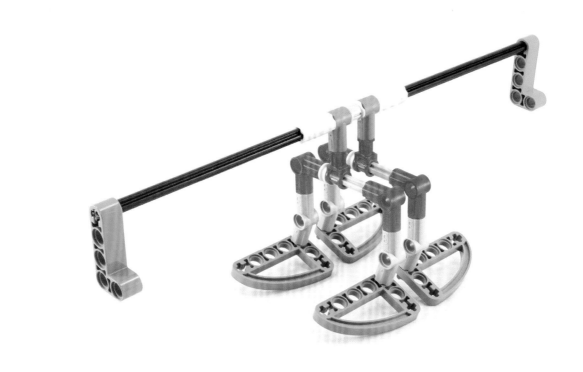

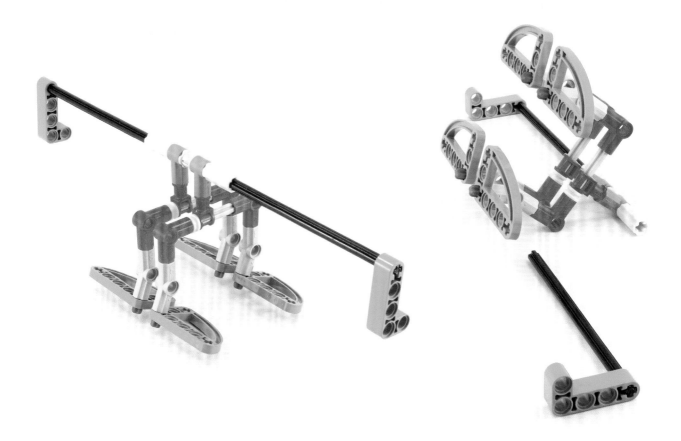

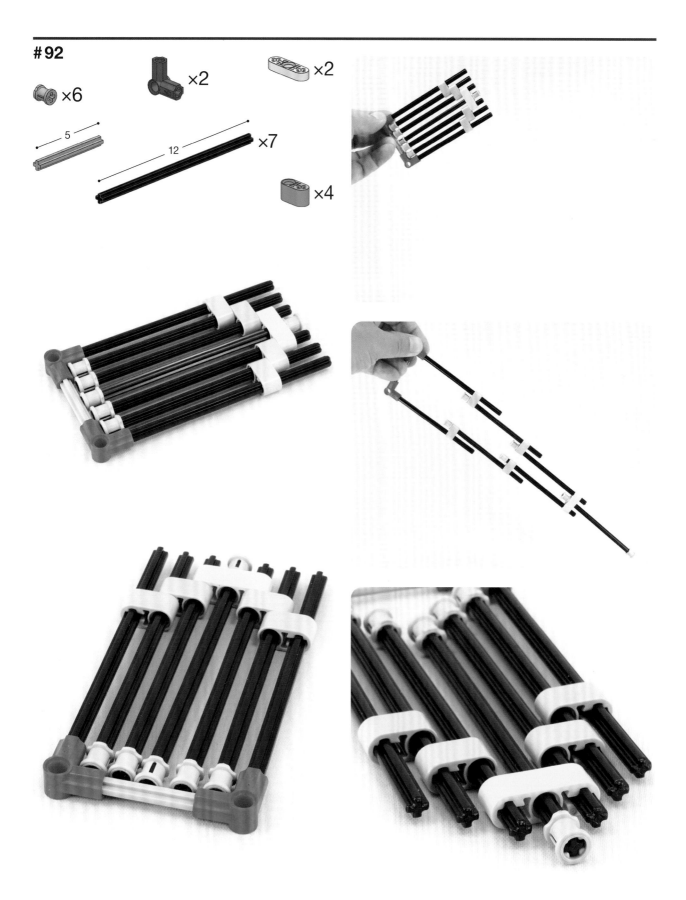

×6   ×2   ×2

5   12   ×7   ×4

#93

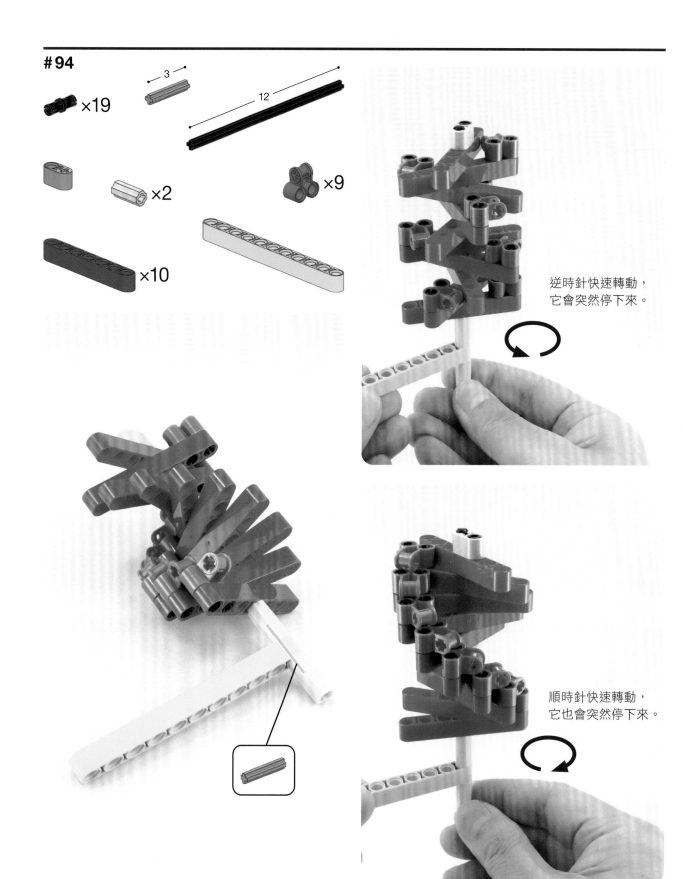

×19

3

12

×2

×9

×10

逆時針快速轉動,
它會突然停下來。

順時針快速轉動,
它也會突然停下來。

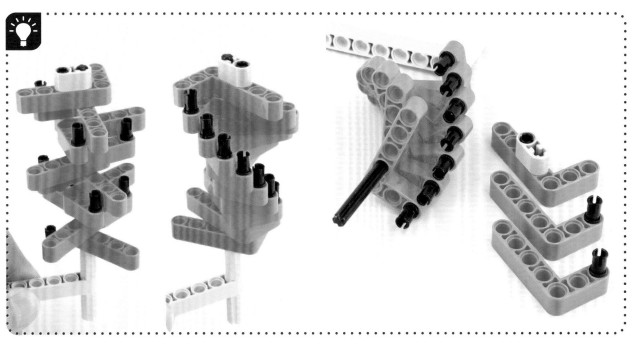

#95

 ×8   ×8

#96

 ×4

 ×8   ×8   ×8

#97

 ×8   ×12

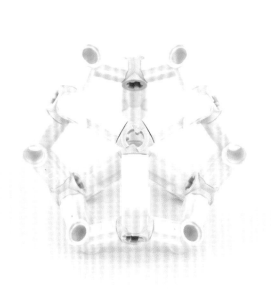

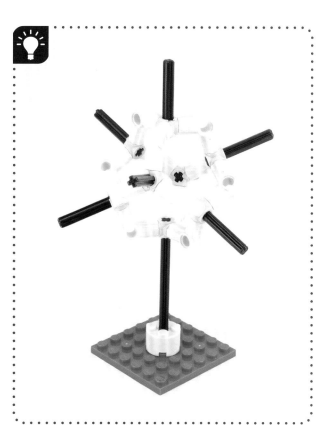

好用的小工具與配件

#98

×2

×5

×10

×6   ×2   ×2   ×2   ×2

#99

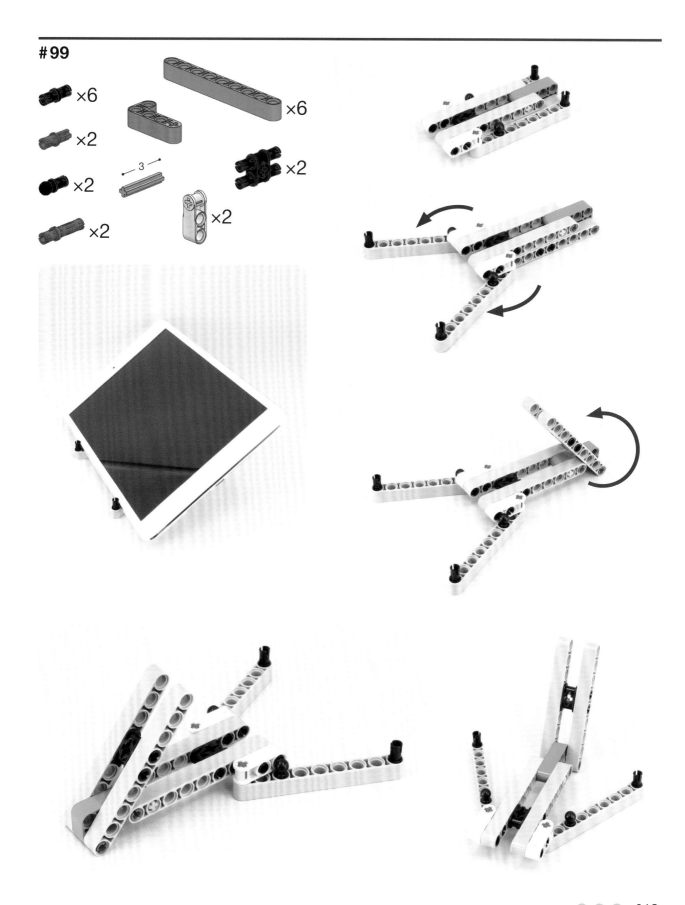

#100

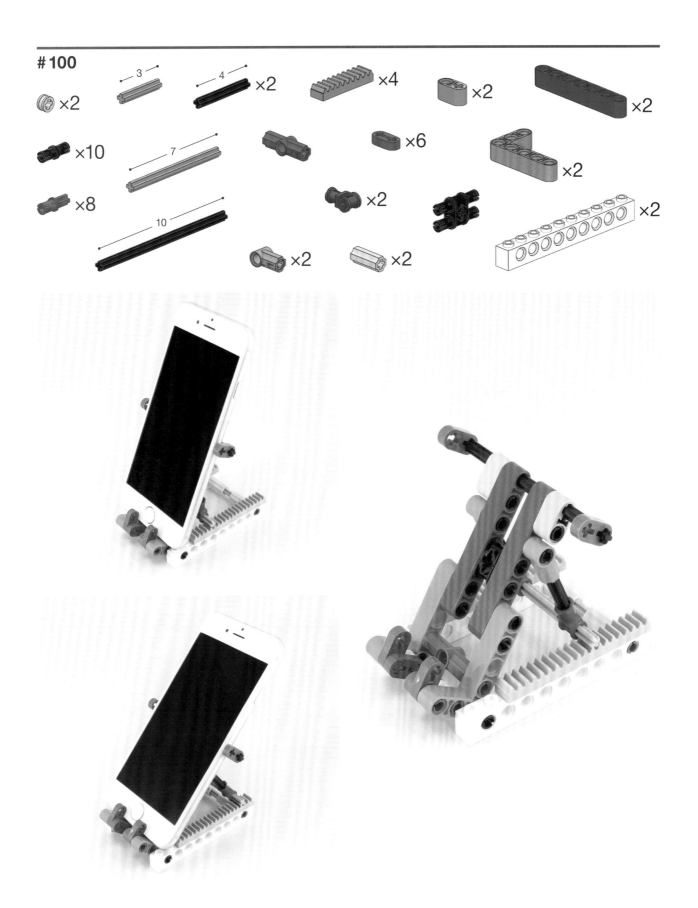

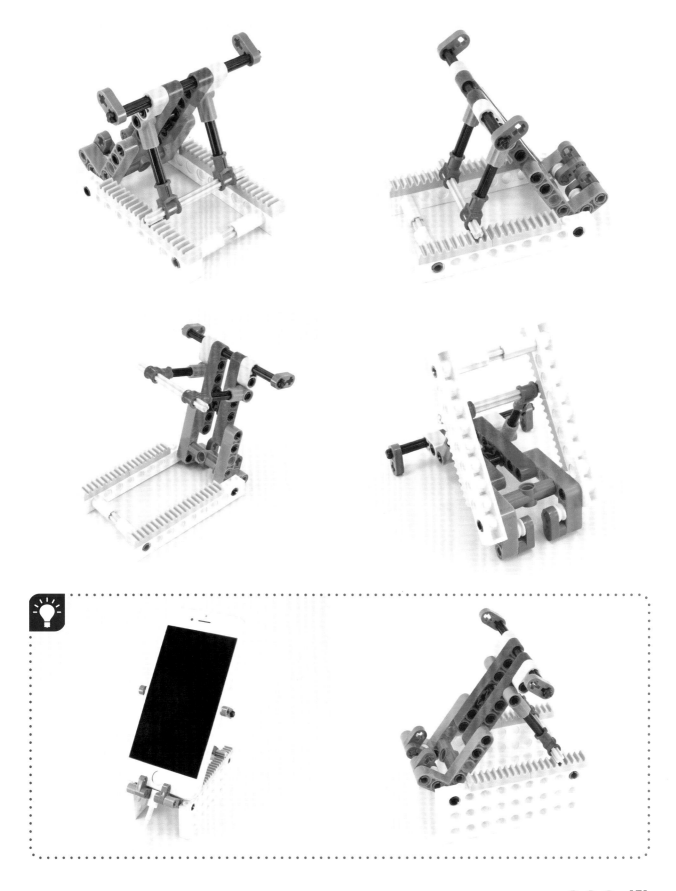

#102

×2 ×5 10 ×4 ×2

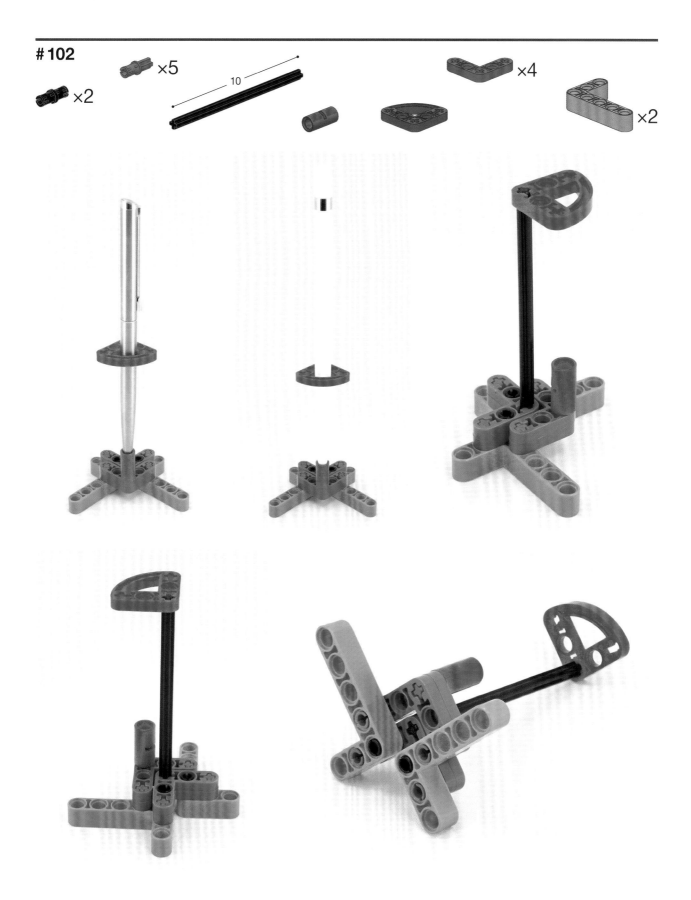

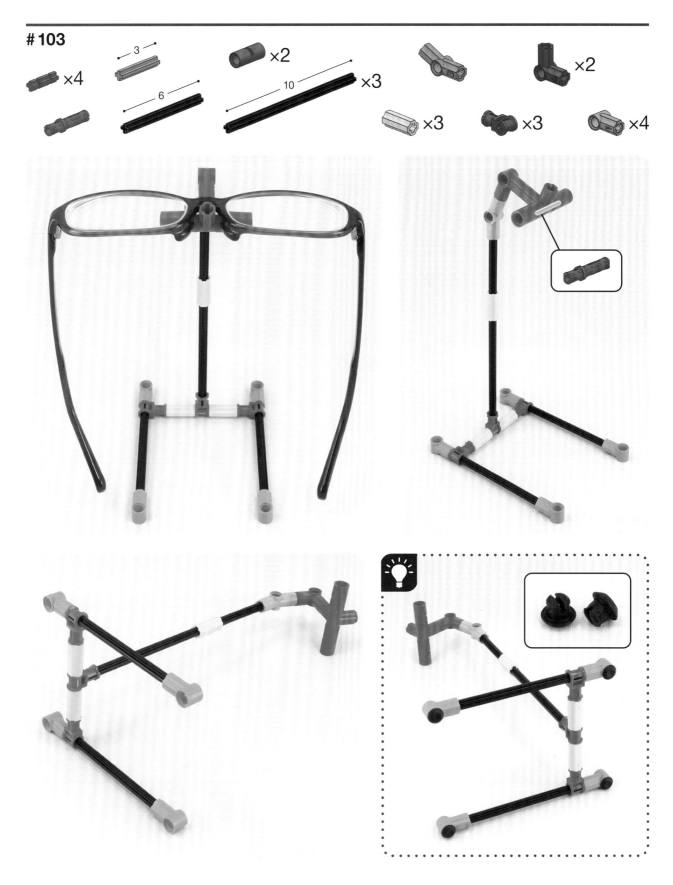

×4   3   ×2   10   ×3   ×2

×4   6   ×3   ×4

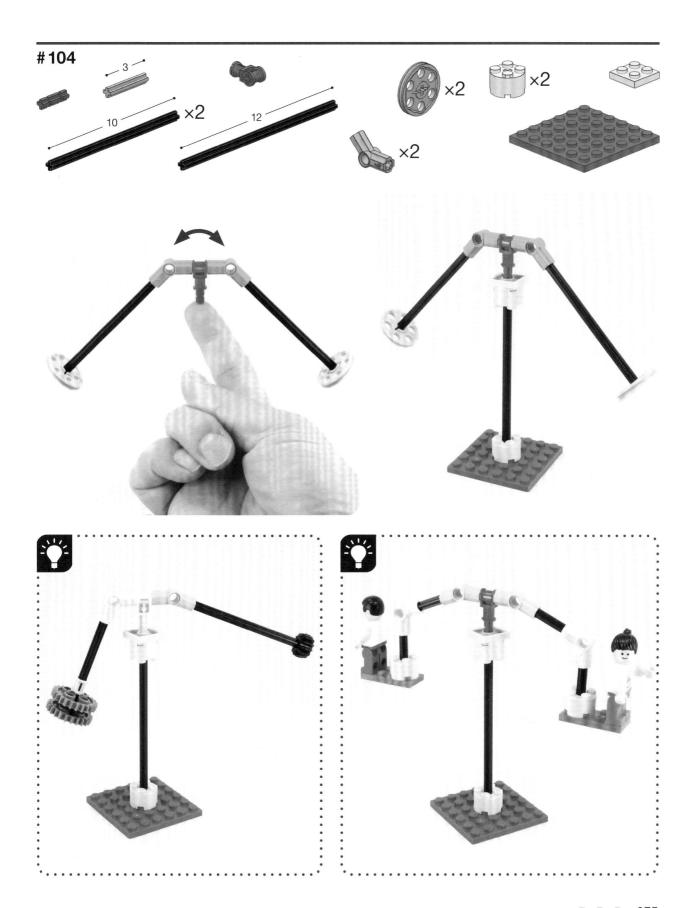

#105

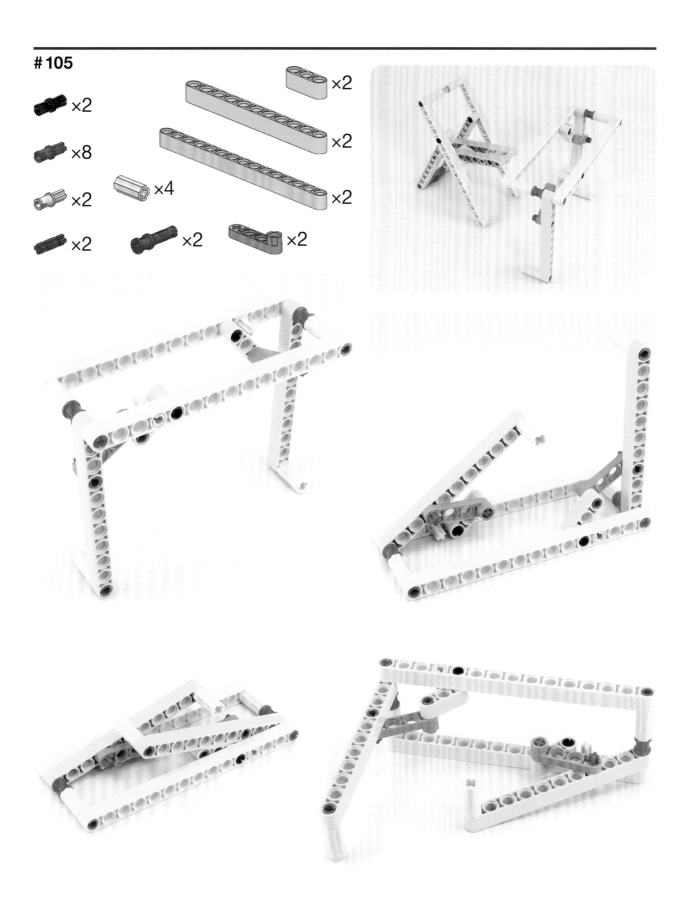

#106

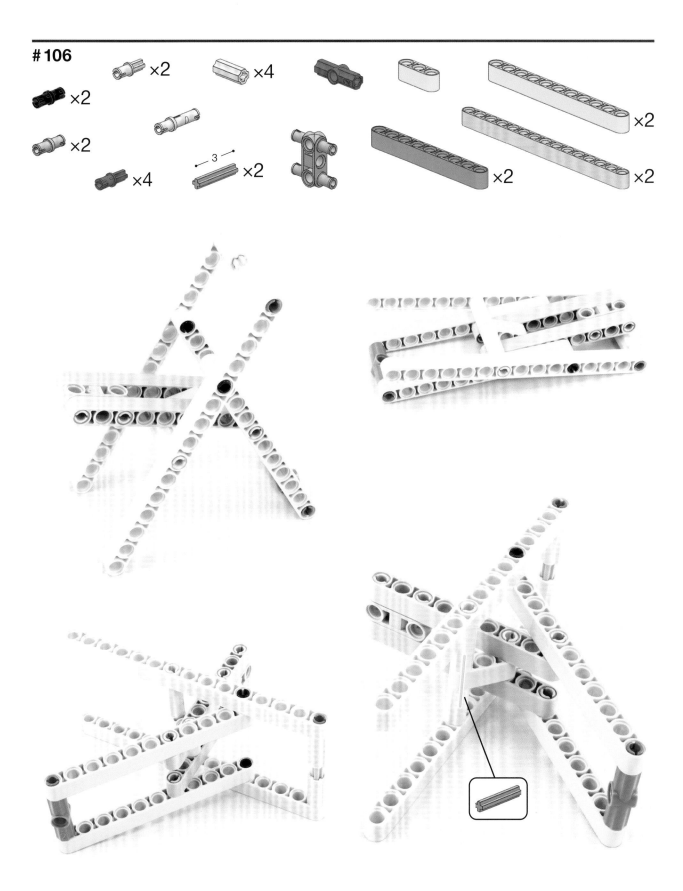

零件清單

零件編號

這個數字代表要完成本書任何一個作品的話，這個零件要用到的最大數量。

這個數字代表要完成本套書之兩本書的任何一個作品的話，這個零件要用到的最大數量。

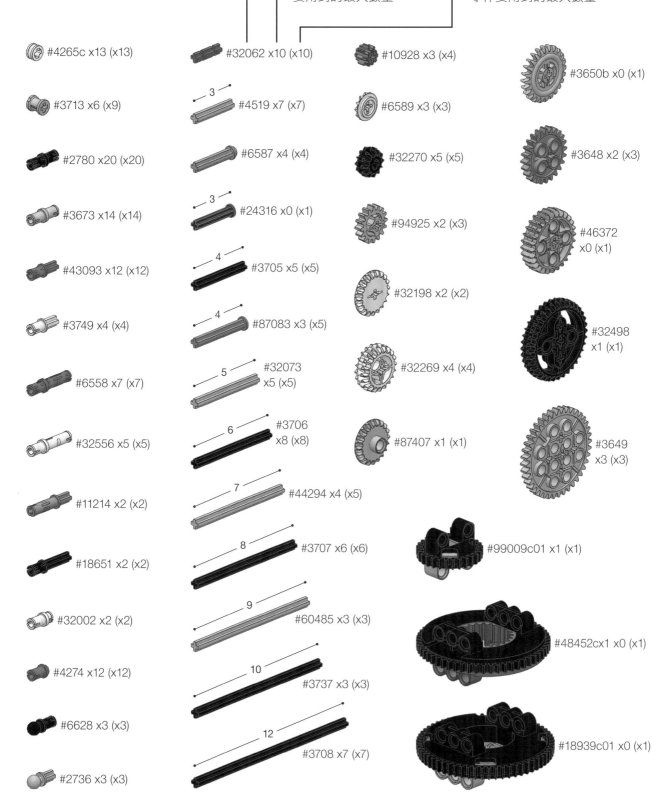

#4265c x13 (x13)

#3713 x6 (x9)

#2780 x20 (x20)

#3673 x14 (x14)

#43093 x12 (x12)

#3749 x4 (x4)

#6558 x7 (x7)

#32556 x5 (x5)

#11214 x2 (x2)

#18651 x2 (x2)

#32002 x2 (x2)

#4274 x12 (x12)

#6628 x3 (x3)

#2736 x3 (x3)

#32062 x10 (x10)

3
#4519 x7 (x7)

#6587 x4 (x4)

3
#24316 x0 (x1)

4
#3705 x5 (x5)

4
#87083 x3 (x5)

5
#32073 x5 (x5)

6
#3706 x8 (x8)

7
#44294 x4 (x5)

8
#3707 x6 (x6)

9
#60485 x3 (x3)

10
#3737 x3 (x3)

12
#3708 x7 (x7)

#10928 x3 (x4)

#6589 x3 (x3)

#32270 x5 (x5)

#94925 x2 (x3)

#32198 x2 (x2)

#32269 x4 (x4)

#87407 x1 (x1)

#3650b x0 (x1)

#3648 x2 (x3)

#46372 x0 (x1)

#32498 x1 (x1)

#3649 x3 (x3)

#99009c01 x1 (x1)

#48452cx1 x0 (x1)

#18939c01 x0 (x1)

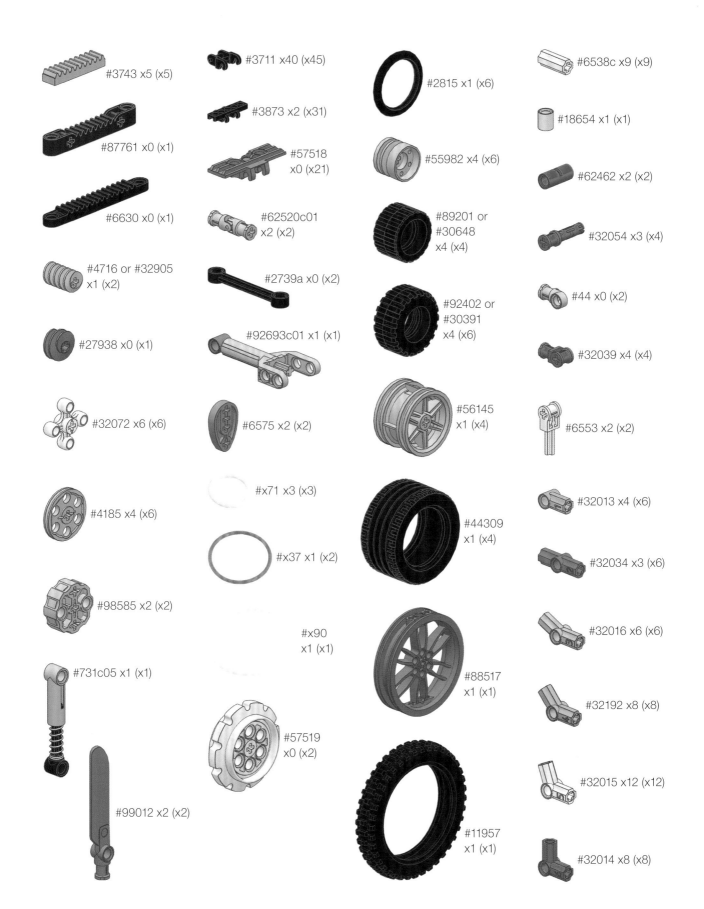

#3743 x5 (x5)

#87761 x0 (x1)

#6630 x0 (x1)

#4716 or #32905 x1 (x2)

#27938 x0 (x1)

#32072 x6 (x6)

#4185 x4 (x6)

#98585 x2 (x2)

#731c05 x1 (x1)

#99012 x2 (x2)

#3711 x40 (x45)

#3873 x2 (x31)

#57518 x0 (x21)

#62520c01 x2 (x2)

#2739a x0 (x2)

#92693c01 x1 (x1)

#6575 x2 (x2)

#x71 x3 (x3)

#x37 x1 (x2)

#x90 x1 (x1)

#57519 x0 (x2)

#2815 x1 (x6)

#55982 x4 (x6)

#89201 or #30648 x4 (x4)

#92402 or #30391 x4 (x6)

#56145 x1 (x4)

#44309 x1 (x4)

#88517 x1 (x1)

#11957 x1 (x1)

#6538c x9 (x9)

#18654 x1 (x1)

#62462 x2 (x2)

#32054 x3 (x4)

#44 x0 (x2)

#32039 x4 (x4)

#6553 x2 (x2)

#32013 x4 (x6)

#32034 x3 (x6)

#32016 x6 (x6)

#32192 x8 (x8)

#32015 x12 (x12)

#32014 x8 (x8)

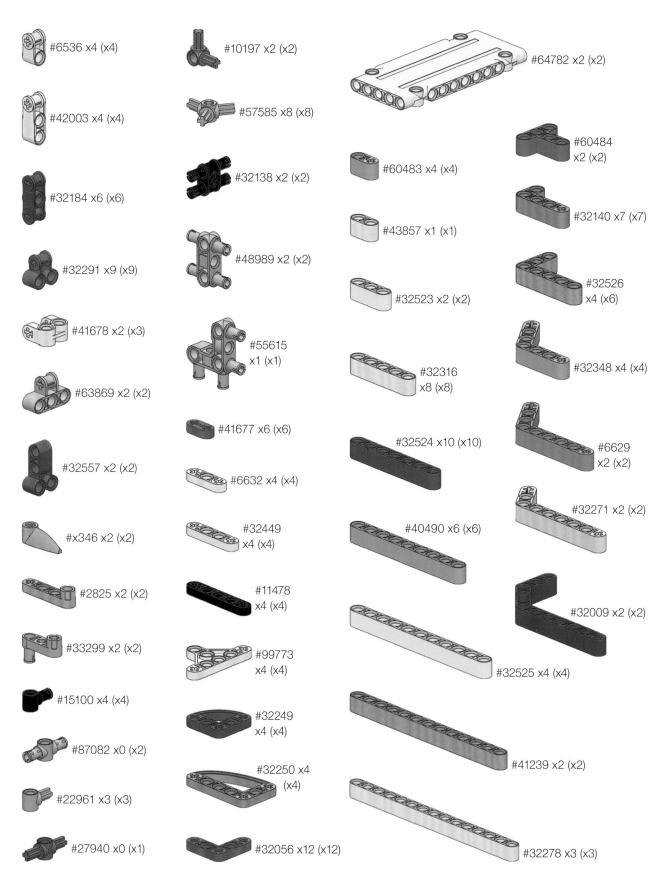

#6536 x4 (x4)

#42003 x4 (x4)

#32184 x6 (x6)

#32291 x9 (x9)

#41678 x2 (x3)

#63869 x2 (x2)

#32557 x2 (x2)

#x346 x2 (x2)

#2825 x2 (x2)

#33299 x2 (x2)

#15100 x4 (x4)

#87082 x0 (x2)

#22961 x3 (x3)

#27940 x0 (x1)

#10197 x2 (x2)

#57585 x8 (x8)

#32138 x2 (x2)

#48989 x2 (x2)

#55615 x1 (x1)

#41677 x6 (x6)

#6632 x4 (x4)

#32449 x4 (x4)

#11478 x4 (x4)

#99773 x4 (x4)

#32249 x4 (x4)

#32250 x4 (x4)

#32056 x12 (x12)

#64782 x2 (x2)

#60483 x4 (x4)

#43857 x1 (x1)

#32523 x2 (x2)

#32316 x8 (x8)

#32524 x10 (x10)

#40490 x6 (x6)

#32525 x4 (x4)

#41239 x2 (x2)

#32278 x3 (x3)

#60484 x2 (x2)

#32140 x7 (x7)

#32526 x4 (x6)

#32348 x4 (x4)

#6629 x2 (x2)

#32271 x2 (x2)

#32009 x2 (x2)

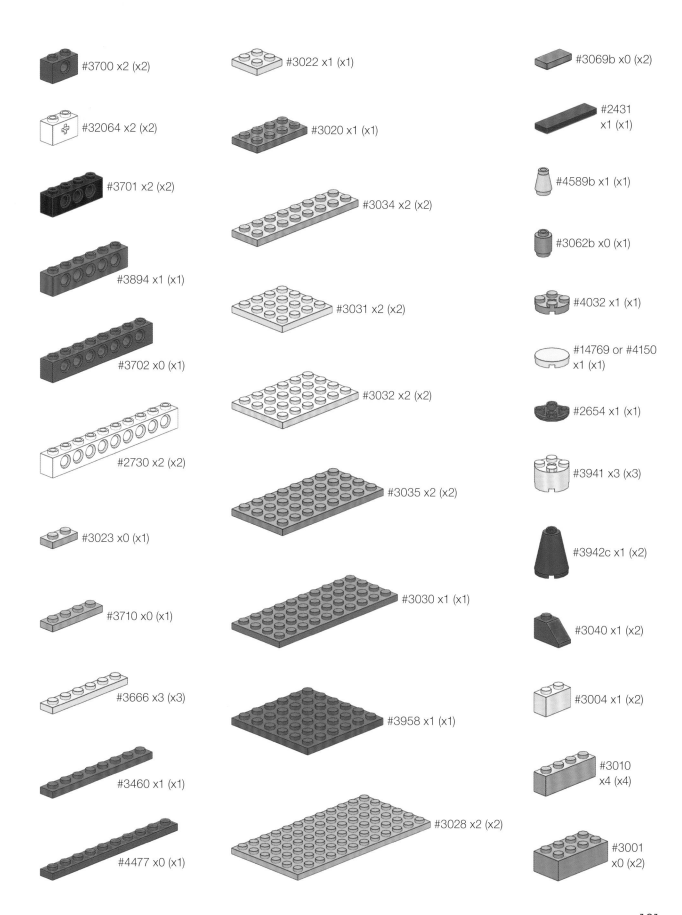

#3700 x2 (x2)

#32064 x2 (x2)

#3701 x2 (x2)

#3894 x1 (x1)

#3702 x0 (x1)

#2730 x2 (x2)

#3023 x0 (x1)

#3710 x0 (x1)

#3666 x3 (x3)

#3460 x1 (x1)

#4477 x0 (x1)

#3022 x1 (x1)

#3020 x1 (x1)

#3034 x2 (x2)

#3031 x2 (x2)

#3032 x2 (x2)

#3035 x2 (x2)

#3030 x1 (x1)

#3958 x1 (x1)

#3028 x2 (x2)

#3069b x0 (x2)

#2431 x1 (x1)

#4589b x1 (x1)

#3062b x0 (x1)

#4032 x1 (x1)

#14769 or #4150 x1 (x1)

#2654 x1 (x1)

#3941 x3 (x3)

#3942c x1 (x2)

#3040 x1 (x2)

#3004 x1 (x2)

#3010 x4 (x4)

#3001 x0 (x2)

181

LEGO Technic 不插電創意集 | 聰明酷玩意

作　　者：五十川芳仁（Yoshihito Isogawa）
譯　　者：CAVEDU 教育團隊 曾吉弘
企劃編輯：莊吳行世
文字編輯：王雅雯
設計裝幀：張寶莉
發 行 人：廖文良

發 行 所：碁峰資訊股份有限公司
地　　址：台北市南港區三重路 66 號 7 樓之 6
電　　話：(02)2788-2408
傳　　真：(02)8192-4433
網　　站：www.gotop.com.tw
書　　號：ACH023700
版　　次：2021 年 08 月初版
建議售價：NT$620

國家圖書館出版品預行編目資料

LEGO Technic 不插電創意集：聰明酷玩意 / 五十川芳仁(Yoshihito
　Isogawa)原著；曾吉弘譯. -- 初版. -- 臺北市：碁峰資訊，2021.08
　　面；　　公分
　譯自：LEGO Technic Non-Electric Models: Clever Contraptions
　ISBN 978-986-502-918-0(平裝)
　1.機械設計　2.模型　3.玩具
446.19　　　　　　　　　　　　　　　　　　　　110012707

讀者服務

● 感謝您購買碁峰圖書，如果您對
本書的內容或表達上有不清楚的
地方或其他建議，請至碁峰網站：
「聯絡我們」\「圖書問題」留下
您所購買之書籍及問題。(請註明
購買書籍之書號及書名，以及問
題頁數，以便能儘快為您處理)
http://www.gotop.com.tw

● 售後服務僅限書籍本身內容，若
是軟、硬體問題，請您直接與軟體
廠商聯絡。

● 若於購買書籍後發現有破損、缺
頁、裝訂錯誤之問題，請直接將書
寄回更換，並註明您的姓名、連絡
電話及地址，將有專人與您連絡
補寄商品。